现代汽车技术丛书

U0656267

D19TCI 电控高压
共轨柴油机技术手册

余 宏 编著

机械工业出版社

本书首先介绍了发动机的基础知识，然后介绍了电控高压共轨柴油机的工作原理和技术优势，接着详细剖析了 D19TCI 柴油机的核心部件与系统组成，包括机体、曲轴、配气机构等关键部分，以及电控高压共轨系统的先进特性。书中不仅列出了详尽的技术规格、参数和零件尺寸等关键数据，为维修与保养提供了可靠依据，还介绍了 D19TCI 柴油机与整车之间的安装连接关系，帮助读者了解发动机在整车中的布局和连接方式。此外，本书还详细阐述了柴油机的拆卸与装配步骤，以及故障诊断方法与实用技巧，为读者提供了实用的维修指南。本书不仅为读者提供了全面而深入的发动机技术知识，还为他们在实际工作中解决发动机故障提供了宝贵的参考依据。本书集理论性、实用性和指导性于一体，是汽车相关专业师生、在职工程师及专业维修人员的必备工具书。

图书在版编目（CIP）数据

D19TCI 电控高压共轨柴油机技术手册 / 余宏编著 .
北京：机械工业出版社，2025. 3. -- （现代汽车技术丛书）. -- ISBN 978-7-111-78347-3

Ⅰ . TK42-62

中国国家版本馆 CIP 数据核字第 2025VG9169 号

机械工业出版社（北京市百万庄大街 22 号　邮政编码 100037）

策划编辑：何士娟　　　　　　　　责任编辑：何士娟　李崇康
责任校对：孙明慧　张慧敏　景　飞　　封面设计：陈　沛
责任印制：李　昂
涿州市般润文化传播有限公司印刷
2025 年 8 月第 1 版第 1 次印刷
184mm×260mm · 11 印张 · 275 千字
标准书号：ISBN 978-7-111-78347-3
定价：138.00 元

电话服务　　　　　　　网络服务
客服电话：010-88361066　机 工 官 网：www.cmpbook.com
　　　　　010-88379833　机 工 官 博：weibo.com/cmp1952
　　　　　010-68326294　金 书 网：www.golden-book.com
封底无防伪标均为盗版　机工教育服务网：www.cmpedu.com

前言 >>>

在当今全球汽车工业快速发展的背景下，轻型汽车的动力系统正经历着前所未有的变革，其中电控高压共轨柴油机以其卓越的性能、高效的燃油经济性、低排放特性和广泛的适配性，成为众多汽车制造商和消费者的选择。D19TCI 电控共轨柴油机，作为这一领域的杰出代表，不仅集成了最新的燃油喷射技术、涡轮增压技术以及先进的发动机设计理念，更在实际应用中展现了其非凡的可靠性和耐用性，广泛应用于轿车、SUV、MPV 及皮卡等多种车型，引领了轻型汽车动力技术的新潮流。

鉴于此，编者精心编写了本书，旨在通过 D19TCI 电控共轨柴油机这一具体实例，深入浅出地解析现代电控高压共轨柴油机的核心技术。本书不仅是一部理论与实践紧密结合的专业著作，更是一本面向汽车相关专业师生、在职工程师及专业维修人员的实用工具书。

全书内容涵盖 D19TCI 电控共轨柴油机的工作原理、核心部件的结构特点、详尽的技术规格参数，以及基于实际操作的检测维修与故障诊断方法。编者特别注重图文并茂的呈现方式，通过大量高清图片、原理图及流程图，直观展示发动机的内部构造、工作原理及维修诊断过程，力求使读者能够迅速掌握关键知识点，提升解决实际问题的能力。

D19TCI 电控共轨柴油机采用的博世高压共轨燃油喷射技术，实现了燃油喷射压力的高精度控制和灵活调节，配合涡轮增压技术和四气门设计，不仅显著提升了发动机的动力输出和燃油经济性，还有效降低了排放，满足了日益严格的环保要求。本书对这一系列先进技术的深入剖析，不仅有助于读者理解现代柴油机的技术发展趋势，更为他们在面对实际维修诊断时提供了宝贵的参考依据。

编者凭借其在发动机产品研发领域的丰富经验，以及对汽车技术发展的敏锐洞察，将复杂的技术原理以通俗易懂的语言表达，确保了本书内容的权威性和实用性。编者坚信，无论是对于汽车相关专业的师生，还是对于在实际工作中面临技术挑战的工程师和维修技术人员，本书都是一份不可多得的宝贵资料。

最后，编者衷心希望本书能够成为推动轻型汽车动力技术学习与交流的一座桥梁，助力每一位读者在探索现代电控高压共轨柴油机技术的道路上不断前行，共同推动汽车行业向更加高效、环保的未来迈进。

余 宏

吉利学院

智能网联与新能源汽车学院

目录 >>>

第1章
概　述

1.1　发动机的基础知识

1.1.1　发动机的分类

　　发动机是汽车的动力源。汽车发动机大多是热能动力装置，简称热力机。热力机借助工质的状态变化将燃料燃烧产生的热能转变为机械能。热力机分为内燃机和外燃机两种。直接以燃料燃烧的产物为工质的热力机为内燃机，反之则为外燃机。内燃机包括活塞式内燃机和燃气轮机。外燃机则包括蒸汽机、汽轮机和热气机（也称斯特林发动机）等。内燃机与外燃机相比，具有结构紧凑、体积小、质量小和容易起动等优点。因此，内燃机尤其是活塞式内燃机被广泛地用作汽车的动力装置。

　　通常所说的内燃机是指活塞式内燃机。活塞式内燃机按不同的特征分为：

　　1）按活塞运动方式的不同，分为往复活塞式和旋转活塞式两种。前者活塞在气缸内做往复直线运动，后者活塞在气缸内做旋转运动。旋转活塞式发动机（也称转子发动机）主要在日本马自达轿车上应用。

　　2）根据所用燃料种类的不同，分为汽油机、柴油机和气体燃料发动机三类。以汽油或柴油为燃料的活塞式内燃机分别称作汽油机或柴油机。使用天然气、液化石油气和其他气体燃料的活塞式内燃机称作气体燃料发动机。无论是汽油发动机还是柴油发动机，它们都属于内燃机，都是燃料燃烧后通过推动气缸内活塞做往返运动来将燃料中的化学能量转换成为驱动车辆前进的机械能量，因此两者的工作原理大体是相同的。日常使用的燃料中，柴油的能量密度最高，比液化天然气高出近1倍，比汽油高出10%以上。与汽油相比，柴油不易挥发，燃点较高，不易因偶然情况被点燃或发生爆炸。两者挥发性和燃点的不同，导致使用这两种燃料的发动机有不同的点火方式。

　　3）按冷却方式的不同，分为水冷式和风冷式两种。以水或冷却液为冷却介质的称为水冷式内燃机，而以空气为冷却介质的则称为风冷式内燃机。

　　4）按在一个工作循环期间活塞往复运动的行程数，分为四冲程和二冲程发动机。在一个工作循环中活塞往复四个行程的内燃机称作四冲程往复活塞式内燃机，而活塞往复两个行程完成一个工作循环的则称作二冲程往复活塞式内燃机。

　　5）按进气状态不同，分为增压和非增压两类。若进气是在接近大气状态下进行的，称作非增压内燃机或自然吸气式内燃机；若利用增压器增高进气压力，进气密度增大，则称作增压内燃机。

6）根据气缸布置形式的不同，分为 L 型（直列式）发动机、V 型发动机、W 型发动机、斜置式发动机和对置式发动机等。

1.1.2 柴油发动机的基本构造

发动机是一部由许多机构和系统组成的复杂机器。发动机的类型各不相同，但其基本构造相似。通常，汽油机由两大机构、五大系统（两大机构：曲柄连杆机构、配气机构；五大系统：燃料供给系统、点火系统、冷却系统、润滑系统、起动系统）组成。D16/19TCI 电控共轨柴油机与其他柴油机结构一样，也是由两大机构、四大系统组成的（与汽油机比较，无点火系统）。

1. 机体组（engine body）

机体构成发动机的骨架，所有的运动件都装在它上面，而且其本身的许多部分又分别为曲柄连杆机构、配气机构、供给系统、冷却系统、润滑系统的组成部分。气缸盖和气缸壁共同组成燃烧室的一部分，是承受高温与高压的机件。发动机的机体组包括气缸盖、气缸盖罩、气缸垫、气缸体及油底壳等。在进行结构分析时，常把机体组列为曲柄连杆机构。

2. 曲柄连杆机构（crankshaft and connecting rod system）

曲柄连杆机构是发动机的主要运动件，它的作用是将活塞在气缸中的往复运动转变为曲轴的旋转运动。在膨胀行程中气缸内气体对活塞顶的压力通过曲柄连杆机构的传递变成转矩输出，因此它是往复式发动机传递动力的机构。曲柄连杆机构包括活塞、连杆总成、曲轴和飞轮等。

3. 配气机构（valve system）

配气机构的作用是使新鲜空气及时充入气缸并从气缸及时排出废气。配气机构包括进气门、排气门、液力挺杆总成、凸轮轴、凸轮轴正时链轮、曲轴正时链轮、正时传动带等。

4. 燃料供给系统（fuel system）

燃料供给系统的作用是根据发动机各种工况要求，把经过过滤的柴油在规定的时间内以一定的压力喷入气缸。燃料供给系统包括柴油箱、燃油表传感器总成、柴油滤清器、燃油泵、高压共轨、喷油器等。

5. 冷却系统（cooling system）

冷却系统的作用是利用冷却液作为介质，将受热零件所接收的热量及时传递出去，以保证发动机在最适宜的温度下工作。D16/19TCI 电控共轨柴油机冷却系统为封闭型强制循环水冷式。其主要由散热器、水泵、风扇、导风罩、节温器、冷却液套和管路等组成。

6. 润滑系统（lubrication system）

润滑系统的功用是将润滑油不断地供给做相对运动的零件以减小它们之间的摩擦阻力，并部分地冷却及清洗摩擦表面。D16/19TCI 电控共轨柴油机润滑系统由机油泵、机油滤清器、机油冷却模块及管路等组成。机油滤清及机油冷却模块具有机油滤清与机油冷却功能。活塞冷却喷嘴布置在独立油道上，实现稳定喷油冷却。

7. 起动系统（starting system）

起动系统的作用是依靠起动机的外力作用，使发动机由静止状态转入工作状态，包括起动机、冷起动加热器及其附属装置。

1.2 四冲程柴油发动机的工作原理

1.2.1 柴油机的主要名词

1）上止点：活塞距曲轴中心最远的位置，如图1-1所示。

2）下止点：活塞距曲轴中心最近的位置，如图1-2所示。

3）活塞行程（S）：上、下止点间的距离。

4）压缩室容积（V_c）：活塞位于上止点时，活塞顶部与缸盖间的容积，又称燃烧室容积。

5）气缸工作容积（V_h）：活塞上、下止点之间的容积称为一个气缸的工作容积，它可以用气缸直径D（mm）由下式表示（单位为L）：

$$V_h = \frac{\pi}{4}D^2 S \times 10^{-6}$$

式中，S是活塞行程（mm）。

6）气缸最大容积（V_a）：活塞在下止点时气缸的容积，即气缸工作容积与压缩室容积之和。

$$V_a = V_h + V_c$$

7）气缸的总容积V（总排量）：内燃机所有气缸工作容积的总和，即：

$$V = iV_h$$

式中，i是气缸数。

8）压缩比：气缸最大容积与压缩室容积的比值。

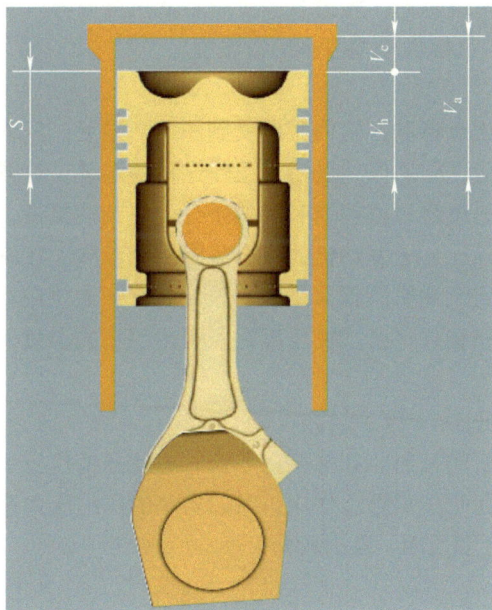

图1-1　上止点

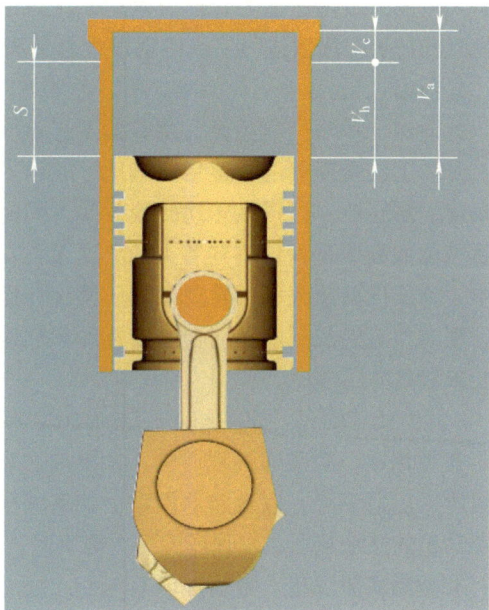

图1-2　下止点

1.2.2 四冲程柴油发动机的工作原理

四冲程柴油机的工作是由进气、压缩、燃烧膨胀（做功）和排气这四个过程来完成的，这四个过程构成了一个工作循环，如图 1-3 所示。

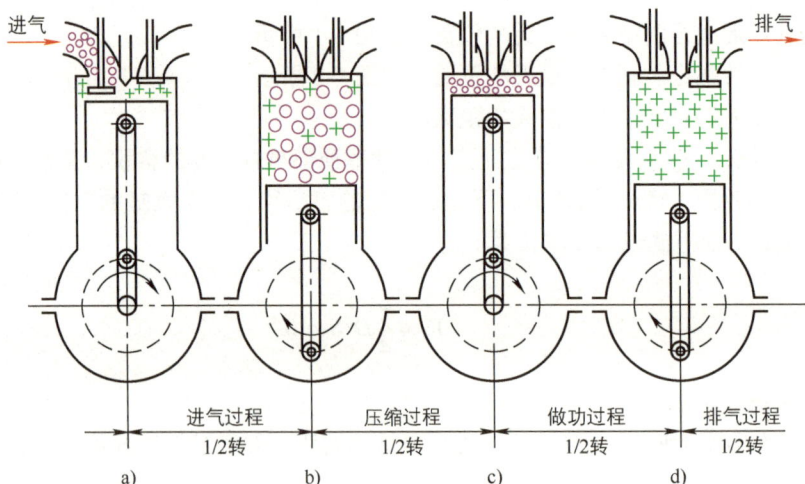

进气 ────→   排气 ────→

进气过程	压缩过程	做功过程	排气过程
1/2转	1/2转	1/2转	1/2转
a)	b)	c)	d)

图 1-3　四冲程柴油发动机工作原理

1. 进气过程

为了使发动机连续运转，必须不断吸入新鲜工质，并把膨胀后的废气排出。进气过程中进气门开启，排气门关闭，活塞由上止点向下止点移动，首先是上一循环留在气缸中的残余废气膨胀，缸内压力下降，然后新鲜工质才被吸入气缸。由于进气系统的阻力，进气终点压力一般小于大气压力或增压压力，压力差用来克服进气系统阻力。因为气流受到发动机高温零件及残余废气的加热，所以进气终点的温度也总是高于大气温度或增压器出口温度。

2. 压缩过程

此时进、排气门均关闭，活塞由下止点向上止点移动，缸内工质受到压缩，温度、压力不断上升。工质受压缩的程度用压缩比 ε 表示。压缩过程的作用是增大工作过程的温差，获得最大限度的膨胀比，以提高热功转换效率，同时也为燃烧过程创造有利的条件。在柴油机中，压缩后气体的高温是保证燃料着火的必要条件。压缩比 ε 是发动机的一个重要结构参数。在汽油机中，为了提高热效率，希望增加压缩比，但受到汽油机不正常燃烧的限制。在柴油机中，为保证喷入气缸的燃料能及时自燃以及冷起动时可靠着火，必须使压缩终点有足够高的温度，因此要求较高的压缩比。

ε 的大致范围是：汽油机，$\varepsilon = 7 \sim 10$；柴油机，$\varepsilon = 14 \sim 22$。

在使用中，对压缩过程而言，主要应注意气缸的密封。如果密封不良，将使压缩终点的工质温度、压力下降，以致起动困难，功率减小。因此，实际工作中，常以实测的压缩压力来检查发动机的技术状况，发现压缩压力降低时，应查明原因，及时检修。

3. 燃烧膨胀过程（做功过程）

此时进排气门均关闭，活塞处在上止点前后。燃烧过程的作用是将燃料的化学能转变为热能，使工质的压力、温度升高。放出的热量越多，放热时越靠近上止点，热效率越高。由于燃料燃烧不是瞬时完成的，因此，在汽油机中，汽油与空气形成的可燃混合气是在上止点前由电火花点火而燃烧，火焰迅速传播到整个燃烧室，工质的压力、温度剧烈上升，整个燃烧过程接近于定容加热。同理，柴油机应在上止点前就开始喷油，柴油微粒迅速蒸发而与空气混合，并借助于空气的热量而自燃。开始，燃烧速度很快，而气缸容积变化很小，所以工质的压力、温度剧增，接近于定容加热；接着，是一面喷油，一面燃烧，燃烧速度缓慢下来，且随着活塞向下止点移动，气缸容积增大，所以气缸压力升高不大，而温度继续上升，该过程接近于定压加热。

燃烧的最高爆发压力及最高温度的大致范围是：汽油机，3.0～6.5MPa，2200～2800K；柴油机，4.5～9.0MPa，1800～2000K；增压柴油机，9.0～13.0MPa，1800～2500K。

可见，柴油机因压缩比高，燃烧的最高爆发压力很高，但因相对于燃油的空气量大，所以最高燃烧温度值反而比汽油机低。膨胀过程，高温、高压的工质推动活塞，由上止点向下止点移动而膨胀做功，气体的压力、温度迅速降低。膨胀过程比压缩过程更为复杂，除有热交换和漏气损失外，还有补燃（即一些燃料不能及时燃烧，在膨胀行程中继续燃烧）等现象。因此，膨胀过程也是一个多变过程，多变指数是不断变化的。可见，由于柴油机膨胀比大，转化为有用功的热量多，热效率高，所以膨胀终了的温度和压力均比汽油机小。

4. 排气过程

当膨胀过程结束时，排气门打开，活塞由下止点向上止点移动，将气缸内的废气排出。排气过程中，由于排气系统有阻力，排气终了的压力大于大气压力，压力差用来克服排气系统的阻力。阻力越大，排气终了的压力越大，残留在气缸中的废气就越多。排气温度是检查发动机工作状况的一种参数。排气温度低，说明燃料燃烧后，转变为有用功的热量多，工作过程进行得好。如果发现排气温度偏高，应立即查明原因。

汽油机与柴油机工作原理对比见表1-1。

表1-1 汽油机与柴油机工作原理对比

项目	汽油机	柴油机
主要构造	气缸里的活塞通过连杆跟曲轴相连，气缸上端有进气门和排气门并由凸轮控制，气缸顶部有火花塞	气缸里的活塞通过连杆跟曲轴相连，气缸上端有进气门和排气门并由凸轮控制，气缸顶部有喷油器
进气行程	进气门开、排气门闭，活塞下行，气缸内体积增大，压强减小，汽油和空气的混合物被吸入气缸	进气门开、排气门闭，活塞下行，气缸内体积增大，压强减小，空气被吸入气缸
压缩行程	两门紧闭，活塞上行，气缸内混合物被压缩，温度升高，压强增大，压缩行程末，火花塞点火。在压缩行程中机械能转化为内能	两门紧闭，活塞上行，气缸内空气被压缩，温度升高，压强增大，压缩行程末，喷油器向气缸内喷出雾状柴油。在压缩行程中，机械能转化为内能
做功行程	两门紧闭，火花塞点燃混合物（点燃式），高温高压的燃气推动活塞下行，通过连杆推动曲轴做功。在做功行程中，内能转化为机械能	两门紧闭，雾状柴油遇高温自燃（压燃式），高温高压的燃气推动活塞下行，通过连杆推动曲轴做功。在做功行程中，内能转化为机械能
排气行程	进气门闭，排气门开，活塞上行，排出废气	进气门闭，排气门开，活塞上行，排出废气
说明	1）一个工作循环中，活塞在气缸中往复两次，曲轴转动两周 2）四行程中只有做功行程才是内能转化成机械能的过程，其他三个行程都是做功行程的辅助行程 3）四冲程内燃机开始运转时需外力起动	

1.3　电控共轨柴油机简介

D19TCI 电控高压共轨柴油机是专为轻型汽车设计的一种先进动力装置，它集成了现代电子控制技术、高压燃油喷射技术和精密的传感检测技术，实现了对燃油喷射过程的精确控制。

1. 工作原理

电控高压共轨柴油机主要由高压油泵、压力传感器、电子控制单元（ECU）以及喷油器等部件组成。在发动机工作时，高压油泵将燃油加压后送入公共供油管（共轨管），共轨管内的燃油压力由 ECU 通过压力传感器进行实时监测和调整。当需要喷油时，ECU 根据发动机的工况和预设的控制策略，精确控制喷油器的电磁阀开启时间和开启程度，从而实现燃油的精确喷射。

2. 主要特点

1）高效节能：电控高压共轨柴油机通过精确控制燃油喷射量、喷射时间和喷射压力，实现了对燃烧过程的优化，提高了燃油的利用率，降低了油耗。

2）环保排放：由于采用了先进的燃油喷射技术和排放控制技术，电控高压共轨柴油机能够满足严格的排放标准，减少了有害物质的排放。

3）动力强劲：电控高压共轨柴油机具有较高的喷射压力和精确的喷射控制，使得发动机在低转速下也能提供较大的转矩，从而保证了良好的动力性能。

4）运行平稳：由于共轨系统内的燃油压力稳定，且各缸喷油器的喷射压力一致，因此发动机运转更加平稳，降低了振动和噪声。

5）适应性强：电控高压共轨柴油机可以适应不同的工况和驾驶需求，通过调整 ECU 的控制策略，可以实现发动机性能的优化和个性化设置。

3. 适配车型

电控高压共轨柴油机适用于多种轻型汽车，包括轿车、SUV、MPV 以及轻型货车等。这种发动机不仅提供了卓越的动力性能和燃油经济性，还显著降低了噪声和排放，提升了驾驶的舒适性和环保性。

4. 技术优势

1）高压喷射：电控高压共轨柴油机的喷射压力远高于传统柴油机，使得燃油雾化更加充分，燃烧更加完全，从而提高了燃油利用率和动力性能。

2）精确控制：通过 ECU 对喷油器的精确控制，实现了对燃油喷射量、喷射时间和喷射压力的精确调节，从而优化了燃烧过程，降低了排放。

3）共轨技术：共轨系统使得燃油压力的产生和喷射过程完全分离，实现了对燃油喷射压力的独立控制，提高了系统的稳定性和可靠性。

4）电子控制：电控高压共轨柴油机采用了先进的电子控制技术，实现了对发动机工况的实时监测和调整，提高了发动机的智能化水平和适应性。

1.4　D19TCI 电控高压共轨柴油机与普通柴油机的对比

普通柴油机与汽油机对比见表 1-2。

表 1-2 普通柴油机与汽油机对比

性能	汽油机	柴油机
着火方式	点燃	压燃
燃油消耗	高	低
热效率	30% 左右	40% 左右
工作平稳性	柔和	粗暴
发动机转速	高（4000 ~ 6000 r/min）	低（2500 ~ 4000r/min）
升功率	大	小
起动性	易	难
制造维修成本	低	高
比质量	小	大
使用寿命	短	长
排放	CO、HC 多，NO_x、黑烟少	CO、HC 少，NO_x、黑烟多

汽油发动机中，油气混合气进入气缸后，在压缩行程接近终了时由火花塞点燃。因此，汽油发动机需要一套控制何时让火花塞工作的点火系统，此系统必须精确控制火花塞放电的时刻和火花能量的大小，才能保证汽油机的工作正常，汽油机的燃料供给系统和点火系统是汽油机上发生故障比例较高的部位。此外，由于汽油的燃点较低，汽油机的压缩比不能任意提高，因为压缩比过大时，压缩终了时的气体温度太高，密度太大，使点火时气体的燃烧太剧烈，会造成某一局部的压力增长太快，对气缸和活塞产生极大的冲击力，发出很大的响声和振动，这种现象叫作"爆燃"。爆燃不仅对机件的保养非常不利，而且使功率显著降低，经济性能大为恶化。因此汽油机的热效率和经济性较柴油机差。汽油机的特点是体积小、重量轻、起动性好，最大功率时的转速高，工作中振动及噪声小。

柴油机采用压缩空气的办法提高空气温度，使空气温度超过柴油的自燃点，这时再喷入柴油，柴油喷雾和空气混合的同时自身着火燃烧。因此，柴油发动机无需点火系统。同时，柴油机的供油系统也相对简单，因此柴油发动机的可靠性要比汽油发动机的好。由于柴油机气缸里压缩的只是纯净空气，没有爆燃问题，提高压缩比不受这方面的限制，因此柴油机压缩比很高。但是由于气缸、活塞等部件能承受的压力有限，柴油机的压缩比也不能过大。柴油机热效率和经济性都要好于汽油机，同时在相同功率的情况下，柴油机的转矩大，其自重也比同样功率的汽油机要大一些。传统柴油机由于工作压力大，要求各有关零件具有较高的结构强度和刚度，所以柴油机比较笨重，体积较大；柴油机的喷油泵与喷油器制造精度要求高，所以成本较高；另外，柴油机工作粗暴，振动噪声大；柴油不易蒸发，冬季冷车时起动困难。由于上述特点，以前柴油发动机一般用于大、中型载重货车上。

传统上，柴油发动机由于比较笨重，升功率指标不如汽油机（转速较低），噪声、振动较大，炭烟与颗粒（PM）排放比较严重，所以一直以来很少受到轿车的青睐。但随着近年来柴油机技术的进步，特别是小型高速柴油发动机的新发展，一批先进的技术，例如电控直喷、共轨、涡轮增压、中冷等技术得以在小型柴油发动机上应用，使原来柴油发动机存在的缺点得到了较好的解决。而柴油机在节能与 CO_2 排放方面的优势，则是包括汽油机在内的所有热力发动机无法取代的，目前已经成为欧美许多新轿车的动力装置。

由于采用了较为先进的技术，D19TCI 电控共轨柴油机的各项性能指标达到国际同类型产品的先进水平，结构紧凑、低排放、低噪声、轻量化、高可靠性成为 D19TCI 电控共轨柴油机的一大特点。

1）采用直喷燃烧室系统和共轨供油系统来实现高性能、清洁排放、低噪声和低振动。

2）双顶置凸轮轴和四气门技术，带来更高的充气效率，改善燃烧。

3）传动带和液力自动张紧，带来更好的维护性。

4）整机大量采用铝合金材料和轻量化设计，降低噪声，减小质量。

5）高升功率设计和紧凑型设计。

6）增压中冷。

7）废气再循环（exhaust gas recirculation，EGR）。

废气涡轮增压相对于自然吸气的优势见表 1-3。

表 1-3　废气涡轮增压与自然吸气对比

	废气涡轮增压	自然吸气
进气	进气充量密度大，补偿大气压力损失	进气充量密度低，与大气压力成反比
升功率	升功率高，是自然吸气的两倍以上	升功率低
热效率	改善热效率，比油耗低，经济性优异	热效率低，比油耗高，经济性差
排气	大大减少排气中的炭烟、氮氧化物等有害成分，绿色环保	排气中的炭烟、氮氧化物等有害成分多，污染大
噪声	降低燃烧噪声，工作柔和	燃烧噪声高，工作粗暴
节能	利用排气多余能量驱动，不用增加辅助驱动系统，节能	排气多余能量从排气管流失，经济性差
加速性	升转矩大，加速性好	升转矩小，加速性差
比质量	同等功率下比质量小，制造成本低	同等功率下比质量大，制造成本高
体积	体积小，安装简便	体积更小

共轨系统相对于传统喷油系统的优势见表 1-4。

表 1-4　共轨系统与传统喷油系统对比

	共轨系统	传统喷油系统
喷油压力	喷油压力可以自由控制，即使在发动机低速段也能保证足够的喷射压力	喷油压力随转速和循环喷油量的降低而降低
结构	高压喷油泵结构简单，驱动力矩小	高压喷油泵结构复杂，驱动力矩大
安装位置	喷油泵结构紧凑，驱动方式和安装位置比较自由	喷油泵结构复杂庞大，驱动方式单一，安装位置受限
喷射压力	喷射压力高达 1800bar	喷射压力小于 1000bar
喷射次数	可实现多次喷射，噪声和振动小	不能实现多次喷射，噪声和振动大
精度	喷射压力电控闭环控制，精度高	喷射压力由机械控制，精度低
喷射油量控制	喷射油量控制精确，并随使用周期自适应调整	喷射油量由机械控制，精度低
喷射提前角	喷射提前角自由灵活可调	喷射提前角可调节范围很窄
高压油管	高压油管短，压力波动小，可靠性高	高压油管长，压力波动大，可靠性差
排放	排放易达标，产品一致性高	排放很难达标，产品一致性不好

注：$1bar = 10^5 Pa$。

第 2 章
D19TCI 电控高压
共轨柴油机结构

Chapter
02

本书以 D19TCI 电控共轨柴油机为例,详细介绍其主要结构。这款柴油机具有卓越性能和可靠性,适配范围广泛,包括轿车、SUV、MPV 和皮卡等车型。采用博世高压共轨燃油喷射技术、涡轮增压技术、四气门设计,具有出色的燃油经济性和低排放特性,油耗表现优异。

2.1 机体

机体正面和机体底面分别如图 2-1 和图 2-2 所示。

1)4 缸直列。

2)采用合金铸铁。

3)龙门式缸体。

图 2-1 机体正面

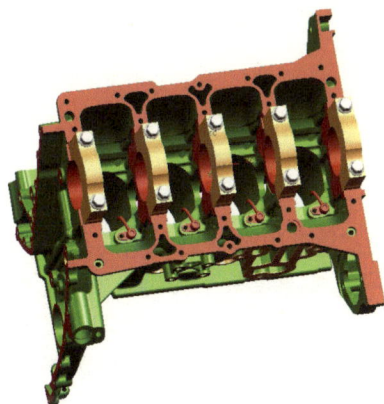

图 2-2 机体底面

4)无缸套,缸孔网纹珩磨。

5)双油道设计。其中一条油道用于润滑系统输送油道,一条专门用于活塞冷却喷嘴。

6)在机体主油道上安装有 4 个活塞冷却喷嘴,将主油道中的机油喷射到活塞内冷油道中,以实现对活塞冷却。

7)主轴承盖与机体是组合加工,在各盖顶平面上均打有号码,装配时必须对准号码及方向,不得装错。

8)在机体主油道沉头孔内安装 O 形密封圈。

9)采用新型止推结构,每台发动机只需要 2 片止推片。

2.2 下机体

下机体如图 2-3 所示。

1）采用铝合金。

2）增加曲轴箱刚度。

3）下机体将曲轴箱与油底壳分离开，使油底壳内机油不会过多飞溅。

4）油标尺套管装在下机体上，油标尺端部刻有两道刻线，加注机油后，油面应在两道刻线之间。

5）在下机体与机体结合面施 1.5～2mm 宽的密封胶线，保证曲轴箱内机油不会泄漏。

图 2-3　下机体

2.3 油底壳

油底壳如图 2-4 所示。

1）采用铝合金。

2）噪声低。

3）油底壳下部安装有放油螺栓，松开后放机油。

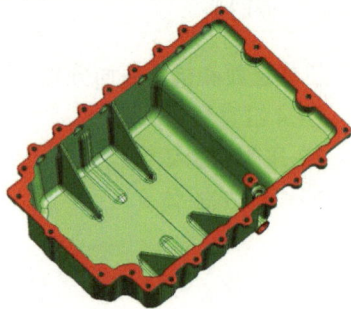

图 2-4　油底壳

2.4 气门室罩盖

气门室罩盖如图 2-5 所示。

1）气门室罩盖装在气缸盖上，罩上设有加油口，机油由此加入。

2）在气门室罩盖上装凸轮轴位置传感器 PG 3.8，探测凸轮轴位置信号。

3）在气门室罩盖上装旋风呼吸器，实现油气分离。

4）在气门室罩盖上装金属网，阻止机油随废气排出。

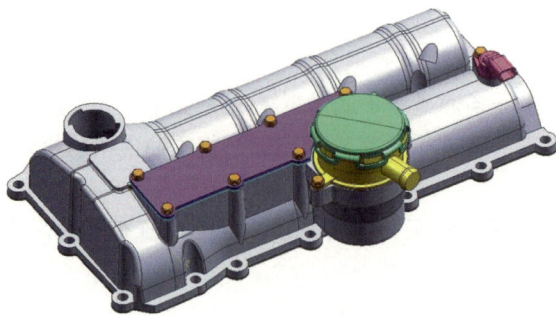

图 2-5　气门室罩盖

2.5 气缸盖

气缸盖如图 2-6 所示。

1）气缸盖为整体式结构，采用铝合金。

2）每缸螺旋进气道和切向进气道组合，实现低涡流比、高流量系数。

图 2-6　气缸盖

3）每缸有 4 个气门，垂直布置，充气效率高。

4）喷油器置于气缸中心，可以使喷孔喷出的各个油束落点最佳，分布均匀，便于组织燃烧。

5）每缸的电热塞确保起动性能。

6）布置在气缸盖上的 EGR 通道，降低排气温度，提高再循环率。

7）缸盖垫片有 3 个尺寸规格，根据活塞伸出量（上止点与机体顶面高差），选装缸盖垫片，见表 2-1。

表 2-1　活塞伸出量

规格	活塞伸出量 /mm	气缸盖垫片厚度 /mm
A	0.276 ~ 0.376	1.02
B	0.376 ~ 0.476	1.12
C	0.476 ~ 0.576	1.22

8）缸盖垫片由具有一定厚度的金属内层与粘接在其表面的橡胶涂层构成，金属内层由三层金属板压制而成，其密封可靠性、耐久性都较传统石棉气缸盖垫片理想。

9）凸轮轴盖、真空泵座与缸盖合件加工。

10）进、排气门座是以过盈配合压在气缸盖上，分别以两个不同锥角的圆锥密封带与气门配合，进气门座和排气门座的锥角均为 90°。

2.6 曲轴、飞轮、离合器

曲轴飞轮离合器总成如图 2-7 所示。

1）全支承曲轴，8 个平衡块，曲轴与平衡块铸成整体式结构。可以提高曲轴的刚度和弯曲强度。

2）曲轴材料为高强度合金锻钢，轴颈圆角滚压。

3）前端采用内嵌橡胶的曲轴扭转减振器，降低发动机运转产生的曲轴扭振。

4）后端飞轮兼曲轴位置传感器信号盘。

5）主轴瓦为钢背铜铅合金薄壁轴瓦。注意区分上、下瓦，上瓦必须有油孔，装配时，上、下定位唇口应在同一侧。

图 2-7　曲轴飞轮离合器总成

6）曲轴止推片共两片，安装在第四主轴承座两侧，有槽的一面朝外。

7）飞轮齿圈应均匀加热到 270～290℃后热套到飞轮上，注意齿上有倒角的一面向外。

8）飞轮总成装在曲轴后端，飞轮由定位销定位，用飞轮螺栓连接。

9）曲轴飞轮离合器总成出厂时已经动平衡。

10）曲轴前后端安装有前后油封。前油封装在链轮室罩上，后油封装在后油封座上。

2.7 活塞连杆组

活塞连杆总成如图 2-8 所示。

1）活塞顶部为 ω 形燃烧室。

2）活塞采用两道气环槽，一道油环槽，第一道气环槽镶圈。

3）活塞裙部印刷石墨。

4）采用内冷油道，通过主油道上的活塞冷却喷嘴喷射机油到活塞内冷油道中，能有效降低活塞热负荷。

5）活塞环有两道气环，一道油环。第一道气环为矩形环，第二道气环为扭曲环，油环为螺旋弹簧胀圈式。

6）活塞销锁圈为碳素弹簧钢丝。

7）活塞环上打有记号，装配时有记号的面向上。组装时要注意弹簧接头应与油环开口成 180°

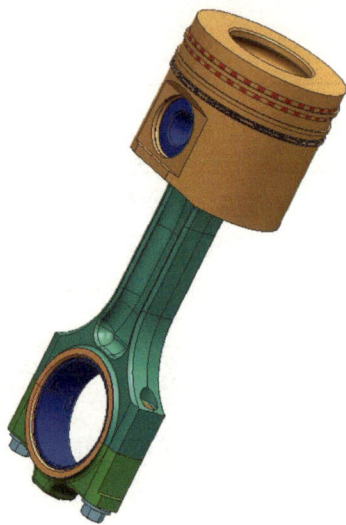

图 2-8　活塞连杆总成

角，在装入缸套内时，要注意环的开口方向，活塞环的开口方向相互错开 120° 角，环口不要朝向活塞销方向。装配时加注适量的润滑油，活塞环装入环槽内应转动灵活。

8）活塞销和销孔的配合为间隙配合，在装配时，不需加热即可装入活塞销。

9）连杆体和盖是组合加工的，每一组上面都有配对记号，切勿装错、装反。连杆螺栓拧入前应在轴瓦工作面涂少许润滑油，再均匀地各缸交替逐次拧紧。当连杆装在曲轴上时，曲轴应转动灵活。连杆大头两侧与曲轴之间应有间隙。

10）为保证发动机运转平稳，活塞连杆组的质量有严格的控制。若需更换连杆，新活塞连杆总成的质量与同台柴油机原各组活塞连杆总成质量的差不得大于 15g。

11）活塞顶面箭头方向应指向发动机前端。

12）连杆体上的装配方向应与活塞顶上的箭头方向一致，安装时朝向前端，卡瓦槽在进气侧。

13）拆装活塞连杆组时要注意编号顺序和对应关系，装机时活塞连杆组之间不得互换。

2.8　正时系统

正时系统如图 2-9 所示。

1）采用链传动，结构可靠。

2）采用液压与机械张紧方式自动张紧链条。

3）曲轴链轮与喷油泵链轮之间的传动比为 2∶3。

4）曲轴链轮经喷油泵链轮与进、排气凸轮轴链轮之间的传动比为 1∶2。

5）各链轮与固定连接的驱动轴之间为无键连接。曲轴链轮由曲轴传动带轮压紧在曲轴上，进排气凸轮轴链轮通过螺母压紧在进排气凸轮轴，喷油泵链轮通过螺母压紧在喷油泵轴上。

6）喷油泵链轮与曲轴链轮各为两层结构，位于第一层的喷油泵链轮与曲轴链轮通过一级传动链条相连，第二层喷油泵链轮通过二级传动链条连接进气凸轮轴链轮、排气凸轮轴链轮，进、排气凸轮轴链轮之间有二级导轨；第二层曲轴链轮通过三级传动链条与机油泵链轮相连。

7）链条系统从发动机顶部跨越到底部，实现了远距离的零部件稳定传动，同时又满足了发动机轴向结构布置紧凑的要求。实现了车用柴油机正时系统和喷油泵、机油泵的有效传动，在使用过程中降低了发动机的噪声、摩擦损失以及零件重量，提高了发动机的机械效率和使用可靠性。

8）正时系统安装时一定要装配正确。

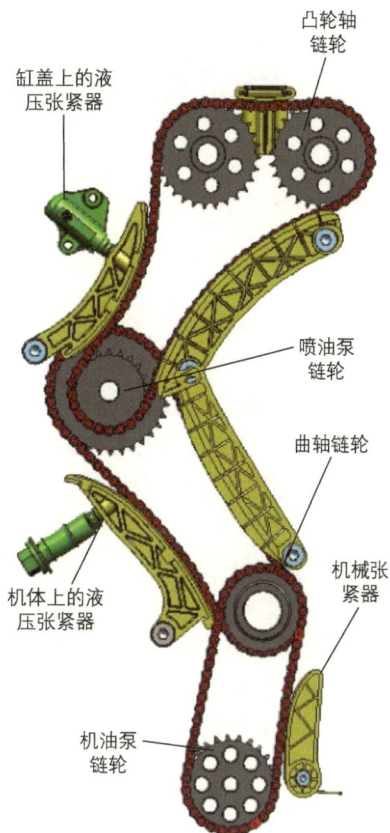

图 2-9　正时系统

2.9 配气机构

配气机构如图 2-10 所示。

1）采用双顶置凸轮轴，减小气门传动机构的往复运动质量。

2）凸轮轴安装孔布置在缸盖上，凸轮轴孔无衬套。

3）排气凸轮轴上安装有凸轮轴位置信号发生器，供凸轮轴位置传感器探测凸轮轴位置信号。

4）凸轮轴上位于前端附近的轴颈部位制有上止点位置定位扁方，在使用时，上止点位置定位扁方与凸轮轴正时安装专用工具配合使用，能够准确简易地确定凸轮轴上止点位置。

5）凸轮轴通过滚子摇臂控制气门开闭。采用液压挺柱，气门间隙无须调节。

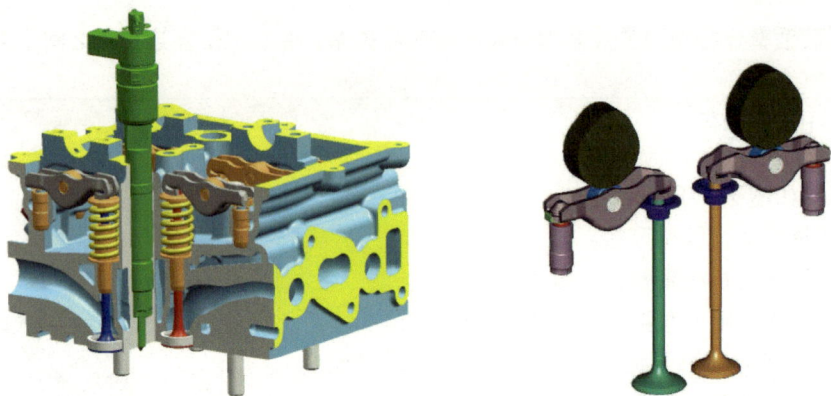

图 2-10　配气机构

2.10 真空系统

1）真空泵作为 EGR 阀真空控制器的真空源，也作为制动助力真空源。

2）真空泵由排气凸轮轴驱动，排气凸轮轴后端的轴颈端部开有长方形的真空泵驱动插槽，与真空泵轴端的扁方块配合。

2.11 润滑系统

润滑系统由油底壳、机油泵、机油滤清器、机油模块及油道管路等组成。

缸盖、缸体内部油道如图 2-11 所示。发动机润滑系统如图 2-12 所示。

1）机油泵为齿轮泵，固定在下机体上，由机油泵链轮驱动。

2）活塞冷却喷嘴如图 2-13 所示，布置在独立油道上，实现稳定喷油冷却，喷射机油到活塞内冷油道中，能有效降低活塞热负荷。

3）机油模块如图 2-14 所示，具有机油滤清与机油冷却功能。机油模块进出水口如图 2-15 所示。

4）机油冷却器采用铝合金制造。

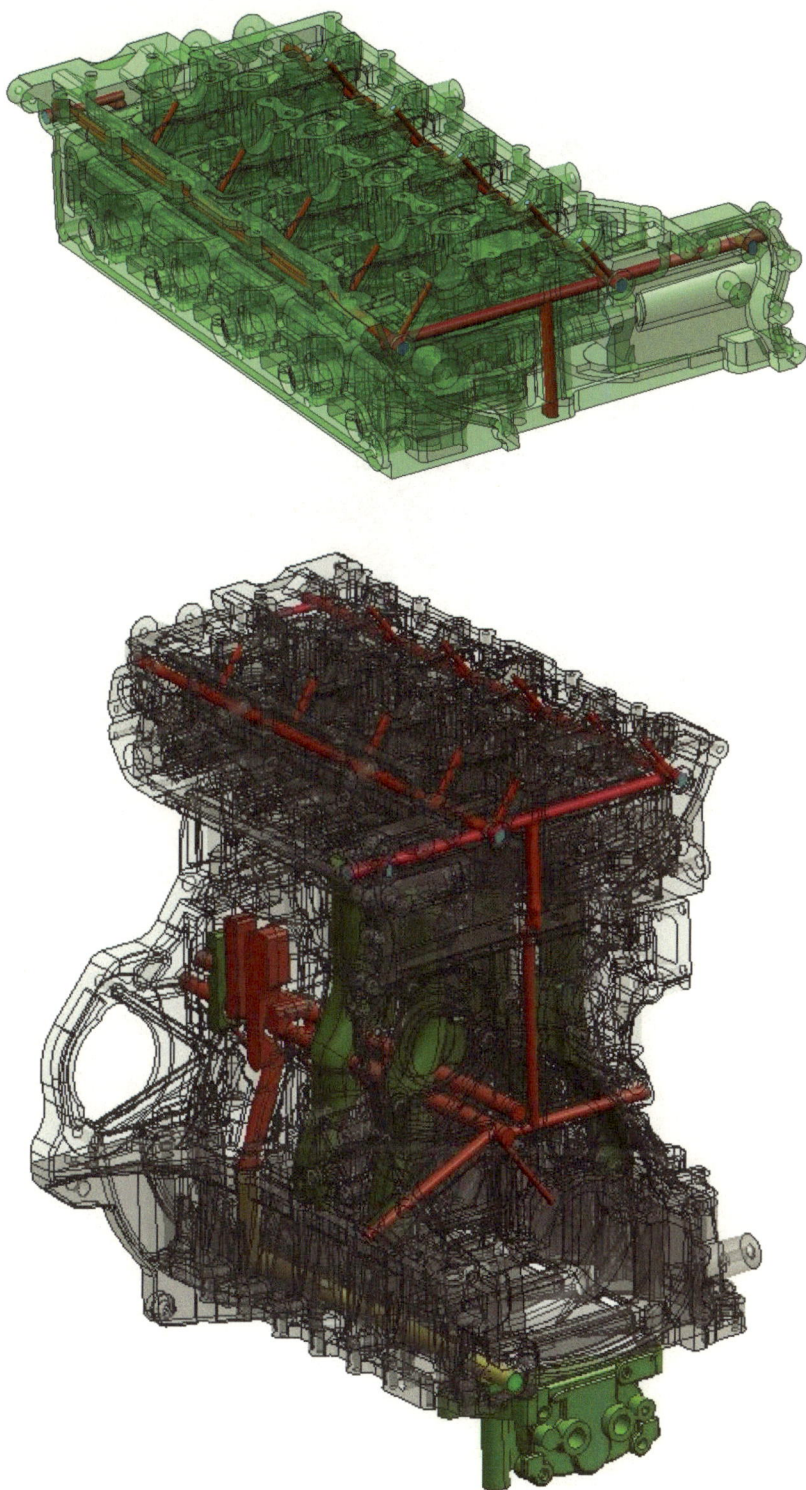

图 2-11　缸盖、缸体内部油道

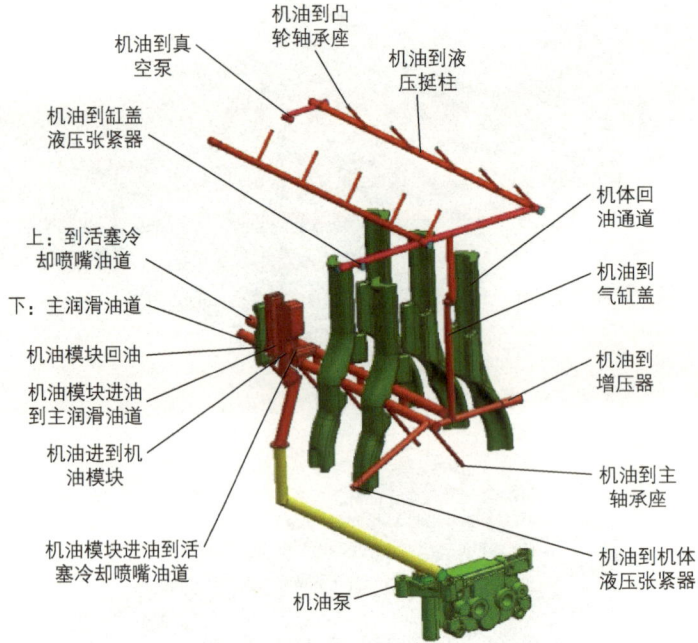

机油到凸轮轴承座
机油到真空泵
机油到液压挺柱
机油到缸盖液压张紧器
机体回油通道
上：到活塞冷却喷嘴油道
机油到气缸盖
下：主润滑油道
机油模块回油
机油到增压器
机油模块进油到主润滑油道
机油进到机油模块
机油到主轴承座
机油模块进油到活塞冷却喷嘴油道
机油到机体液压张紧器
机油泵

图 2-12　发动机润滑系统示意图

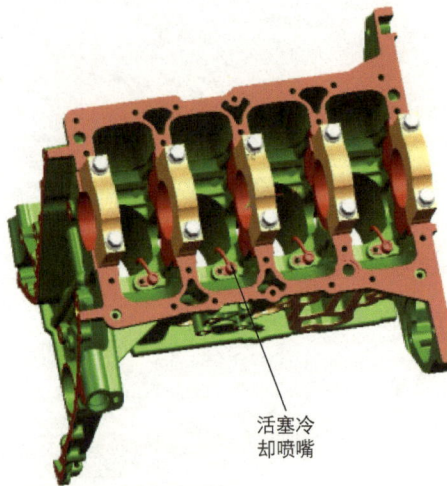

活塞冷却喷嘴

图 2-13　活塞冷却喷嘴

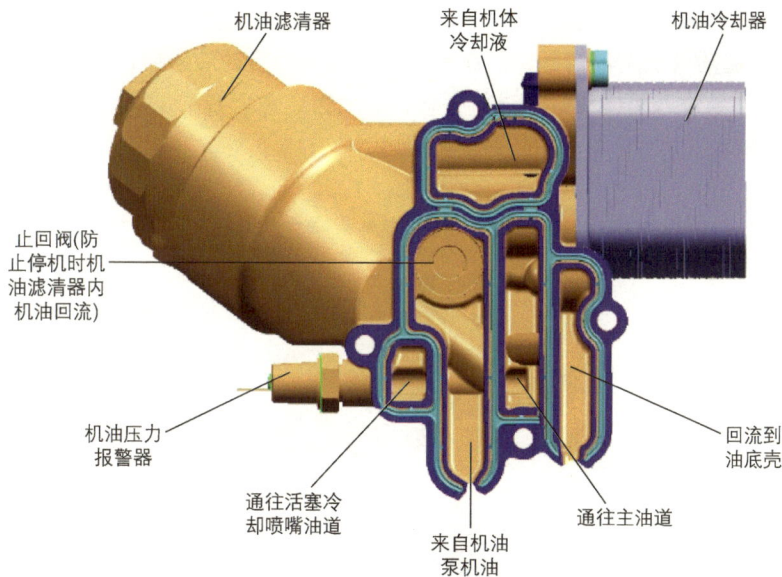

图 2-14　机油模块

（图中标注：机油滤清器、来自机体冷却液、机油冷却器、止回阀(防止停机时机油滤清器内机油回流)、机油压力报警器、通往活塞冷却喷嘴油道、来自机油泵机油、通往主油道、回流到油底壳）

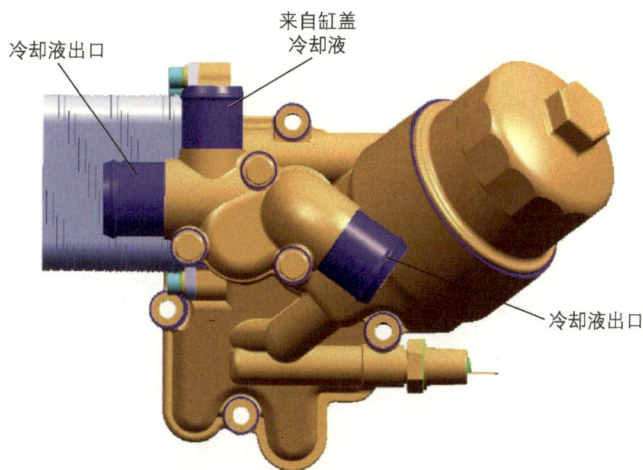

图 2-15　机油模块进出水口

（图中标注：冷却液出口、来自缸盖冷却液、冷却液出口）

2.12　冷却系统

冷却系统为封闭型强制循环水冷式，主要由散热器、水泵、风扇、节温器、冷却液套和管路等组成。发动机冷却液路循环如图 2-16 和图 2-17 所示。

在水泵体上布置双向节温器，控制来自散热器的冷却液和来自机冷模块的冷却液。水温低于 78℃ 时，节温器处于自然状态（即关闭来自散热器的冷却液，打开来自机冷模块的冷却液），冷却液路走小循环，来自机冷模块的冷却液通过水泵进入机体和缸盖进行循环，这样机体和缸盖内部的水温、油温将会上升；水温达到 78℃ 时，节温器阀门开始打开，但还未全部打开，来自散热器的冷却液和来自机冷模块的冷却液通过水泵进入缸盖和机体进行循环；如水温继续升高到92℃，节温器阀门全部打开，关闭来自机冷模块的冷却液通道，只有来自散热器的冷却后的冷却液通过水泵进入机体和缸盖进行循环，即大循环。

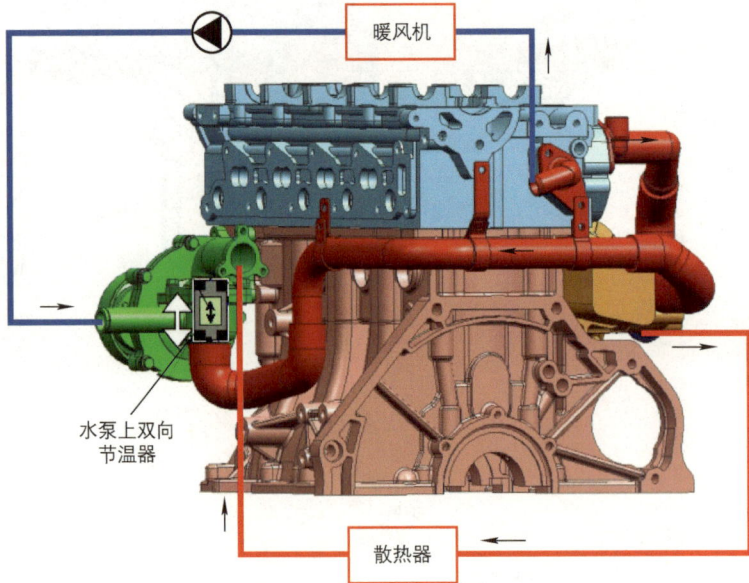

图 2-16　冷却系统管路 1

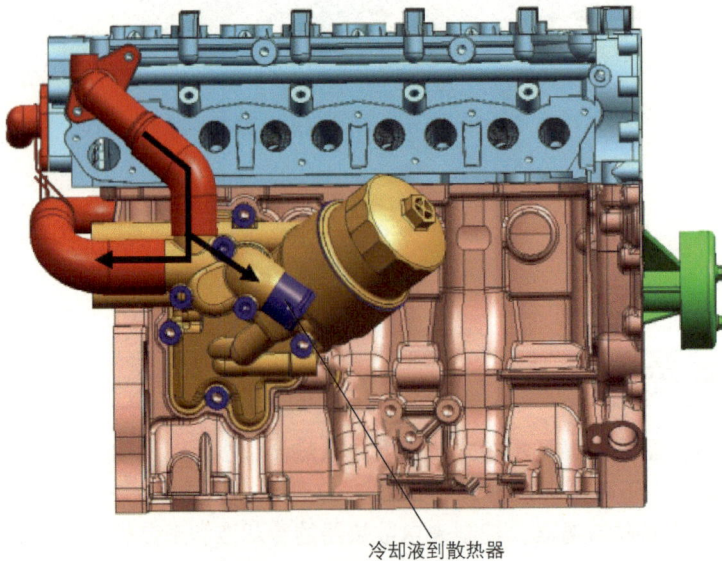

图 2-17　冷却系统管路 2

2.13　附件系统

附件系统如图 2-18 所示。

1）附件由曲轴传动带轮通过楔形传动带传动。

2）由自动张紧轮自动张紧的传动带，无须调节。

3）附件包含：

① 空调压缩机。

② 动力转向泵。

③ 发电机。

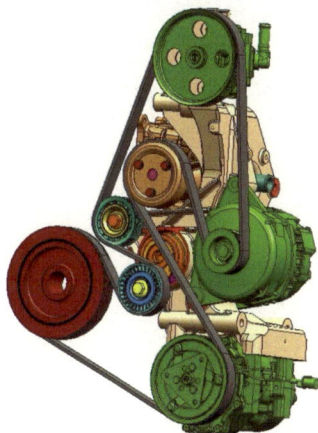

图 2-18　附件系统

2.14　增压中冷系统

提高柴油机功率最有效的措施是增加充气量和供油量。目前，通常采用由柴油机排气驱动的涡轮机拖动压气机来提高进气压力、增加充气量，这一方法称为废气涡轮增压。

增压的目的在于增加每工作循环充入气缸内的空气量，从而可以相应增加每工作循环柴油的供给量，使每工作循环做出更多的功，增加柴油机的输出功率。

柴油机采用废气涡轮增压不仅可提高功率，还可减小单位功率质量，缩小外形尺寸，节约原材料，降低燃油消耗。

采用增压技术对于高原地区使用的发动机尤为重要。因为高原气压低，空气稀薄，发动机功率下降，而装用涡轮增压器后，可以恢复功率，降低油耗。

涡轮增压发动机燃烧比较完全，排烟浓度低，废气中 CO 和 HC 含量明显减少，NO_x 含量也较少，对减少汽车排气污染有利。此外，发动机工作较柔和，噪声比较小。

增压中冷系统由排气管、涡轮增压器、中冷器、进气管、管路等组成，如图 2-19 所示。

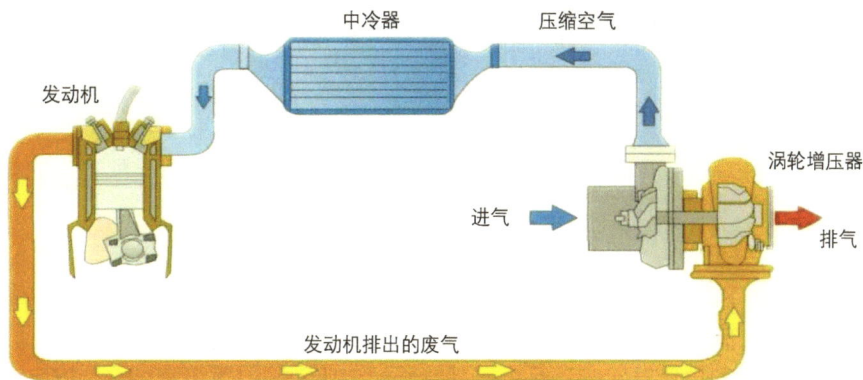

图 2-19　增压中冷系统

增压器本身不是一种动力源，而是利用发动机排出的废气能量驱动涡轮叶轮高速旋转，带动与涡轮同轴的压气机叶轮旋转。增压器安装在柴油机的排气管上，柴油机排出的废气通过排气管进入增压器的涡轮壳内推动涡轮叶轮转动，涡轮叶轮带动压气机叶轮转动，将经过空滤器过滤的空气吸入压气机，压气机把吸入的空气加压后送入中冷器冷却（压气机出口的压缩空气密度和温度均升高），冷却后的空气进入气缸燃烧。

中冷器为管片式散热器，采用空 – 空冷却方式，内部空腔用来通过压缩空气，外部与环境空气进行热交换。中冷器安装在散热器的前面，利用汽车行驶过程中风扇对中冷散热器的冷却来降低增压器压气机出口的气体温度，以进一步提高柴油机的充气效率，改善柴油机的燃烧，提高输出功率和降低排放。

2.15 EGR 系统

废气再循环（exhaust gas recirculation，EGR）是将一小部分燃烧废气从排气管引入进气管与新鲜充量混合，人为增加新鲜充量中的废气量，从而降低发动机的燃烧温度，减少 NO_x 的形成。EGR 系统安装连接如图 2-20 所示。

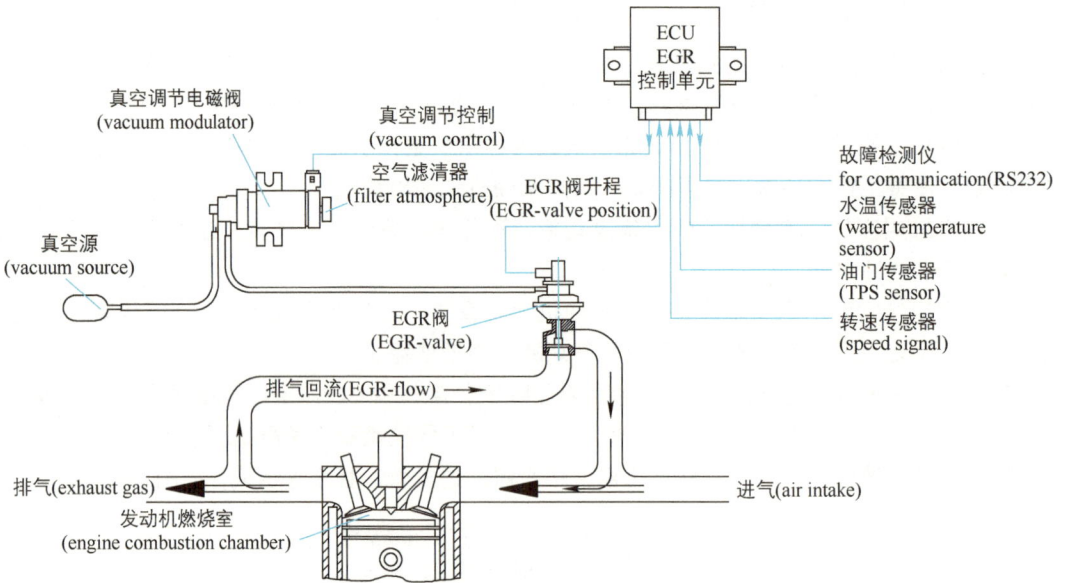

图 2-20　EGR 系统安装连接示意图（EGR 阀通过真空控制）

EGR 技术分为高压 EGR 和低压 EGR 两种，这两种系统主要应用于配备涡轮增压器的发动机。

1. 高压 EGR

高压 EGR 如图 2-21 所示，广泛应用于国四柴油发动机。高压 EGR 系统布置位置通常在发动机排气歧管附近，从涡轮之前取出废气，因此气体压力较高。

优势在于对压轮和中冷器无害，且由于其管路短、压力高、气流速度快，EGR 的反应速度也较快。此外，由于压差大，因此使用小口径的阀门即可满足流量需求。然而，其缺点在于仅能在特定的转速和负荷范围内使用 EGR，无法覆盖到抗爆燃区域，且成本相对较高。同时，由于在涡轮前端取气，会在一定程度上降低涡轮的效率。还需要考虑的是，EGR 阀和冷却器可能会受到废气的污染，从而导致整体节油效果相对较差。

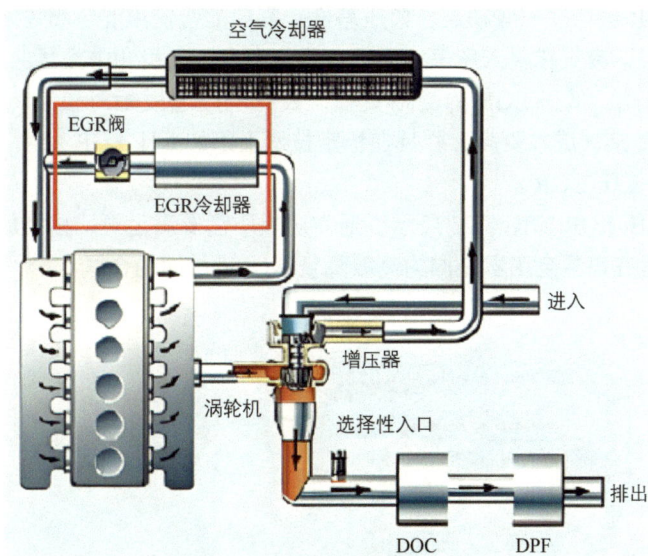

图 2-21　高压 EGR

2. 低压 EGR

低压 EGR 如图 2-22 所示，广泛应用于国五柴油发动机，特别是在需要全工况范围内降低 NO_x 排放的场合。

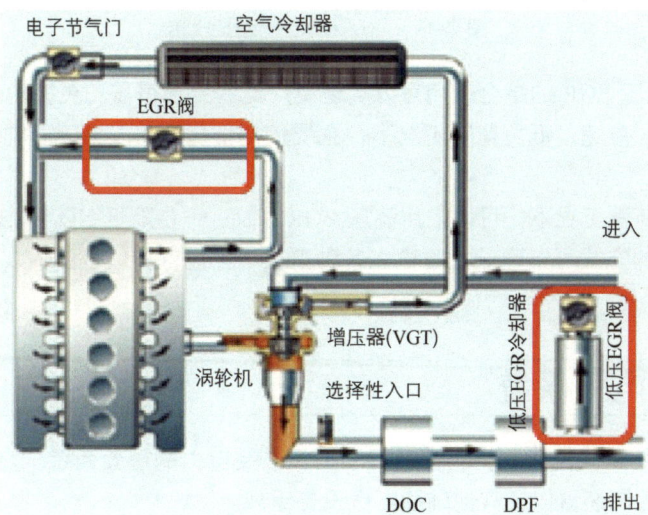

图 2-22　低压 EGR

低压 EGR 系统从涡轮后端取出废气,因此气体压力较低。废气在经过压轮和中冷器后,会被均匀地分配到四个气缸中,从而确保四个气缸的燃烧更加均匀和一致。

优点在于可以在所有工作条件下使用,与高压 EGR 相比,能够达到更好的节油效果。通常建议在三元催化转化器的后端取气,这样可以减少对冷却器和阀门的污染。

然而,低压 EGR 也存在一些缺点,如压差低,需要配合使用混合阀才能在所有工作条件下满足流量需求。同时,废气在引入压气机之前,需要考虑压气机和中冷器的污染问题。

与高压 EGR 相比,低压 EGR 的管路更长,因此响应速度相对较慢。这些因素使得低压 EGR 的系统相对更复杂、成本更高,并且在标定技术上不如高压 EGR 成熟。

3. 高压 EGR + 低压 EGR

高压 EGR + 低压 EGR 如图 2-23 所示,通常应用于需要满足更严格排放标准(如国六)的柴油发动机,特别是在需要全工况范围内高效降低 NO_x 排放的场合。

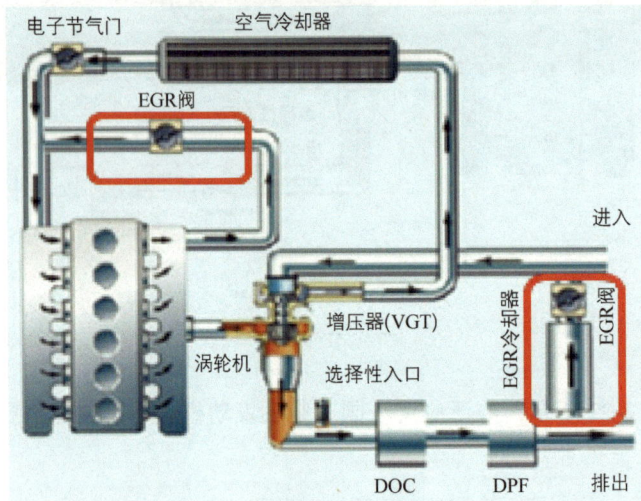

图 2-23　高压 EGR + 低压 EGR

高压 EGR 和低压 EGR 的结合使用可以实现更广泛的工况覆盖和更高的效率。

在起动、暖机、怠速、低负荷等工况下,主要使用低压 EGR,因为其效率高、洁净、故障率低。

在中等、大负荷等工况下,可以启用高压 EGR,以进一步降低 NO_x 排放。

这种组合使用的方式可以确保发动机在各种工况下都能保持较低的 NO_x 排放,同时尽可能提高燃油经济性。

2.16　发动机电气系统

柴油机电气系统是确保柴油机正常运行和提供必要电力的重要系统。它主要由电池、发电机、起动机、电路控制装置以及其他辅助电气设备组成。

1)电池:采用 12V 免维护铅酸蓄电池,为起动电动机提供电力,并在柴油机运行时为电气系统提供备用电力。

电池的连接线必须牢固可靠，以确保起动电机工作时的电流稳定。

2）发电机：电气系统的核心部件，在柴油机运行时为电池充电，并为整个电气系统提供电力。采用硅整流发电机，内置调节器，体积小、重量轻、结构简单、工作可靠、转速范围宽，可以低速充电。

发电机通过柴油机的动力驱动，将机械能转化为电能。

3）起动机：关键部件，用于起动柴油机。起动机为减速起动机，体积小、重量轻、操作简便，起动迅速可靠。

起动机通过电池供电，将电能转化为机械能，驱动柴油机的曲轴旋转，从而实现起动。

4）电路控制装置：控制中心，用于控制电流和各个电气设备的工作。

电路控制装置包括开关、继电器、熔丝等，用于保护电气设备和电路的安全。

5）其他辅助电气设备：包括照明设备、仪表盘、传感器等，为驾驶员提供必要的操作信息和安全保障。

2.17　电控高压共轨系统

电控高压共轨技术是指高压油泵、压力传感器和 ECU 组成的闭环系统中，将喷射压力的产生和喷射过程彼此完全分开的一种供油方式。由高压油泵产生高压燃油并输送到共轨管，可实现对共轨管内的油压进行精确控制。这种喷油系统可保证喷油压力不随发动机转速变化，因此也就弥补了传统柴油机的缺陷。该系统不再采用通用的脉动原理，而是采用压力时间计量原理，通过高压公用油道与各缸喷射电磁阀控制相结合的方式，利用控制器上一次脉冲把喷射信号导入电磁阀而引发一次喷射，油量控制通过喷嘴存储压力和开启持续时间来实现，喷射压力高达180MPa。

柴油机电控共轨燃油喷射技术集成了计算机控制技术、现代传感检测技术以及先进的喷油机构。该技术的主要特点是采用现代传感检测技术测出柴油机实际运行工况的主要参数——如柴油机转速、转矩、功率、油温、油压、水温、增压压力等——传给 ECU；ECU 将这些实测参数与预先输入的、优化的柴油机运行 MAP 进行比较，经过处理计算按照最佳值控制共轨管压力和喷油器的高速电磁阀的开启时间、持续时间和喷射次数，使柴油机工作状态达到最佳。ECU 产生的电脉冲按顺序触发喷油器电磁阀，确定发动机每次喷油的起始和关闭时刻，并可灵活控制喷油速率和次数。共轨式喷射结构直接或间接地形成恒定的高压燃油，分送到每个喷油器。柴油机电控共轨燃油喷射技术可以保证柴油机达到最佳的空燃比和良好的雾化。

电控高压共轨系统如图 2-24 所示，由燃油箱、柴油滤清器、高压油泵、共轨、电控喷油器、高压油管和低压回油管路等组成。示意图如图 2-25 所示。

1）高压油泵供应的高压燃油储存在共轨上，通过 ECU 发送信号到喷油器控制喷射定时及喷油量。

2）高压油泵内部集成了齿轮输油泵。

3）柴油滤清器带有油水分离功能。

4）喷油器为电控，喷油器 IQA 码打印在喷油器体上，喷油器 IQA 码包含各种信息，如模型代号、喷油量修正。

空气流量计　　　ECU　　　共轨泵

共轨　　　喷油器　曲轴转速传感器　冷却液温度传感器　燃油滤清器　加速踏板

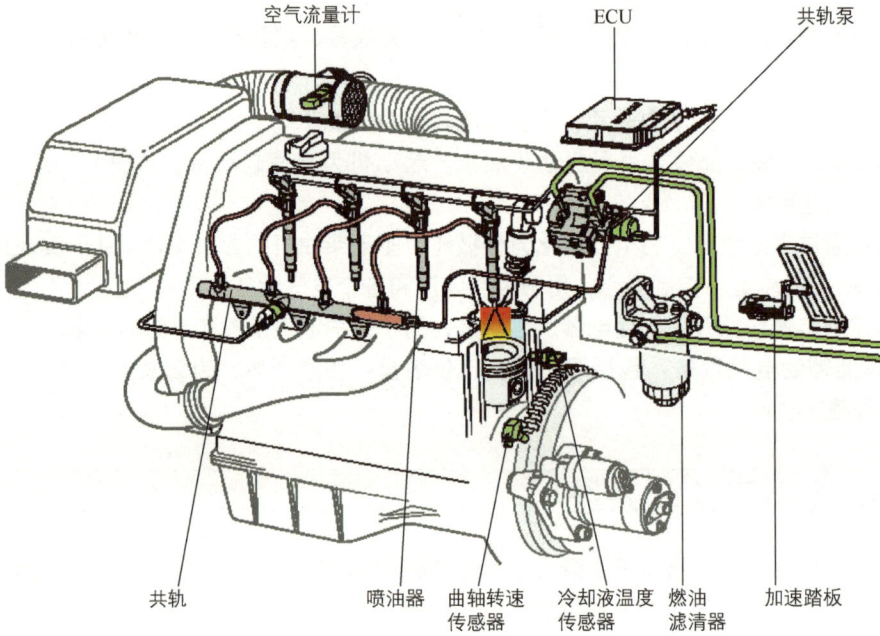

图 2-24　电控高压共轨系统

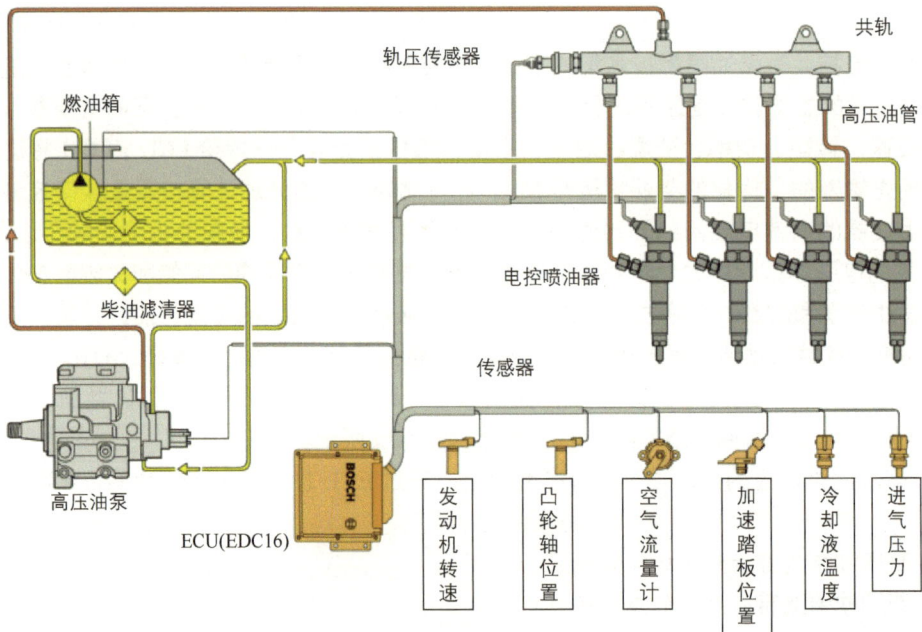

轨压传感器　　　共轨

燃油箱　　　高压油管

柴油滤清器

电控喷油器

传感器

高压油泵

ECU(EDC16)

| 发动机转速 | 凸轮轴位置 | 空气流量计 | 加速踏板位置 | 冷却液温度 | 进气压力 |

图 2-25　电控高压共轨系统示意图

2.17.1　EDC 电控柴油共轨系统

　　EDC 系统具有动态喷油正时系统和空气、燃油管理系统。此系统的特点是单一的 ECU、一套喷油控制系统、一套传感器系统。其功能是将燃油喷射入发动机气缸，喷射正时准确，油量精确，在气缸内与空气混合，以获得最佳的燃烧效率。

　　EDC 系统构成如图 2-26 所示。本系统包括以下子系统：

1）电气 / 电子线路。

2）进气管路。

3）燃油供给管路。

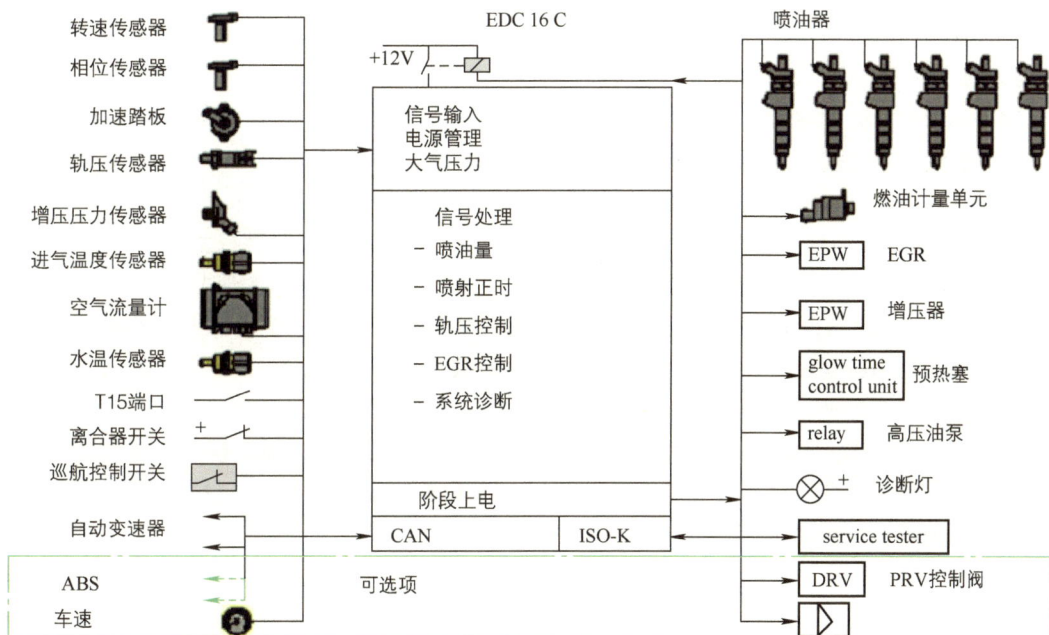

图 2-26　EDC 系统构成图

　　本系统采用特殊的传感器来确认收到以下参数：

1）发动机瞬时转速。

2）发动机每缸工作相位。

3）进气温度。

4）空气流量。

5）发动机冷却液温度。

6）高压油轨压力。

7）进气歧管的压力和温度。

8）车辆速度。

9）蓄电池电压。

10）空调压缩机的工作情况。

11）环境压力。

数据（通常为模拟的）由 ECU 所用的模拟/数字（A/D）转换器转换成数字信号。软件保存在 ECU 存储器内并包括一套策略，每个策略都具有特定的系统控制功能。借助于上面所列出的输入，通过 ECU 处理后控制系统执行机构（输出）。

1. 系统管理策略

系统管理策略主要如下：

1）喷油管理。

2）空气系统管理。

3）发动机限制和保护管理。

4）发动机低怠速和高怠速管理。

5）空调系统管理。

6）诊断管理。

2. 转矩结构

德国 BOSCH 公司在控制系统中引入转矩结构控制方式取代了原来的油量结构控制方式，是一种先进的控制方式。电控高压共轨系统转矩结构如图 2-27 所示。

其优点如下：

1）使整个控制系统数值化，任何对转矩需求的部件都由控制系统进行统一的控制和协调，对转矩的集中控制避免了上一代发动机控制系统中多个控制器相互干涉的情况。

2）转矩结构的引入便于编程人员编写控制程序实现控制逻辑，便于标定人员标准化标定流程，能够使车辆的驾驶表现最贴合驾驶员的操作需求。

转矩结构中各功能块的用途如下：

1）踏板转矩模块。踏板转矩模块通过踏板转矩标定后可以任意地实现驾驶员对动力性的需求，使得驾驶性能任意适用于重型货车、轻型货车和乘用车模式（可以使驾驶性模拟两级调速或全程调速等机械模式）。踏板转矩控制如图 2-28 所示。

2）附件管理和发动机摩擦转矩补偿。使用转矩结构控制方式后，原先对各部件（空调、发电机、助力转向等）的控制器简化为单一的控制器。在各部件需要转矩输出时发动机能够及时地提供动力，在驾驶员需求大转矩时可以关闭附件（指空调）的转矩需求，提供最大的车辆动力输出。该模块使得用户可以享受到流畅的动力输出和各部件协调控制带来的经济性能。

附件管理和发动机摩擦转矩补偿如图 2-29 所示。

3）发动机动态振动抑制（ASD），如图 2-30 所示。间歇跳跃的动力输出会使得动力系统有明显扭动，车辆有耸车现象。发动机动态振动抑制功能的目的是减小整个动力系统的扭动，提高驾驶平顺性。

4）转矩油量转换，如图 2-31 所示。驾驶员对动力转矩的需求在经过以上功能的共同协调后形成最终的统一、单一的需求，此时把转矩值根据发动机的运行状态转变成相应的油量，送入执行机构实现驾驶员的需求。

车辆在使用中如果某个部件（指喷油器）损坏后进行新部件的更换，更换部件后维修人员会把该部件的参数输入 ECU 控制系统，使得整车的性能不会因为部件的更换而改变，车辆性能在整车寿命里程中稳定可靠。

5）车辆限制功能，如图 2-32 所示。主要包括发动机故障限制、发动机速度限制、发动机转矩限制、发动机超温保护和发动机烟度限制。

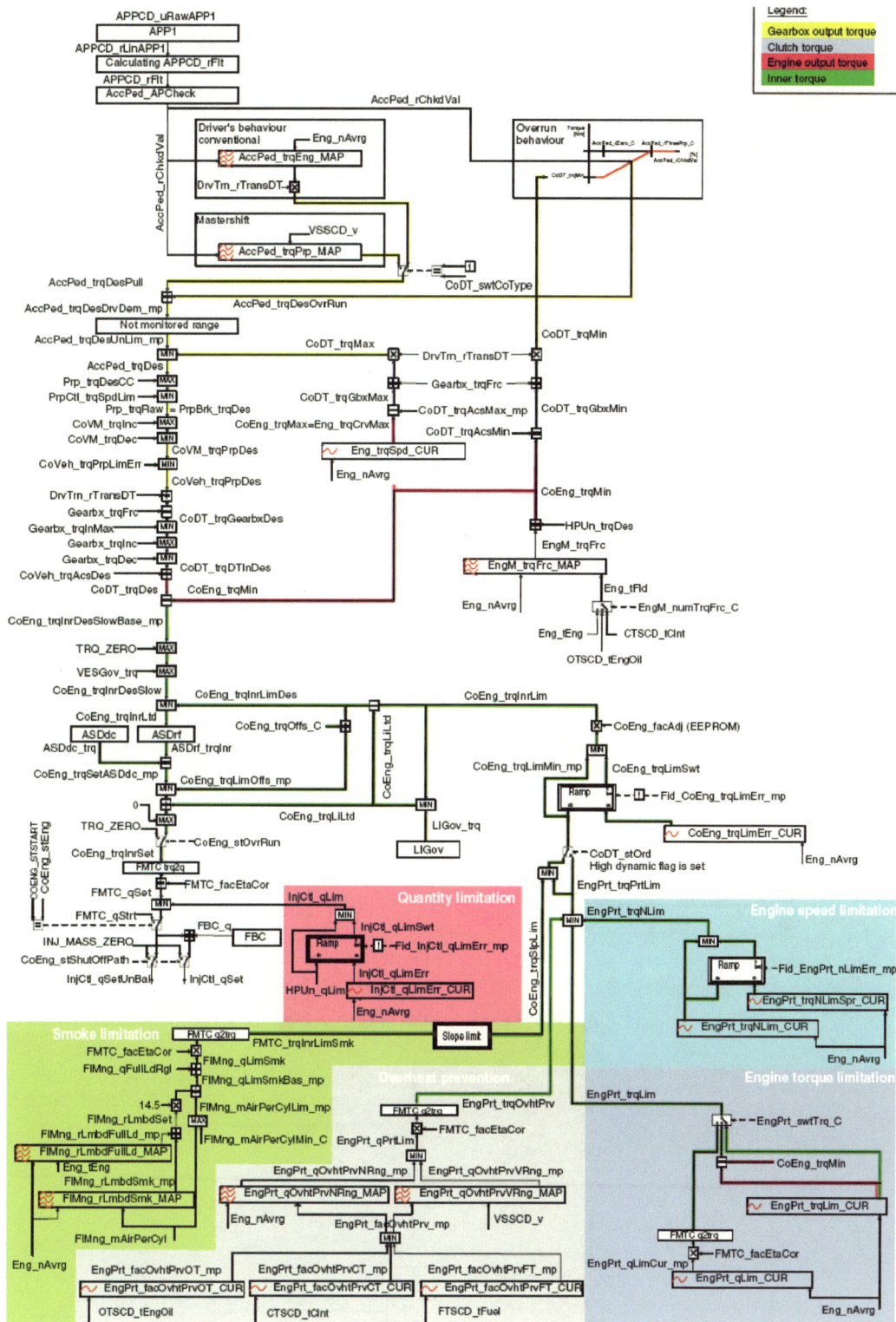

图 2-27　电控高压共轨系统转矩结构图

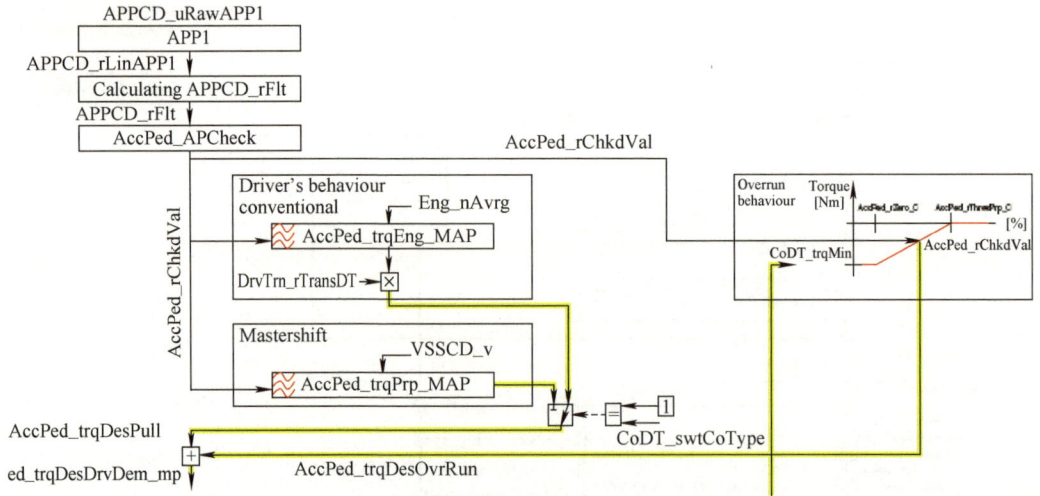

图 2-28 踏板转矩控制图

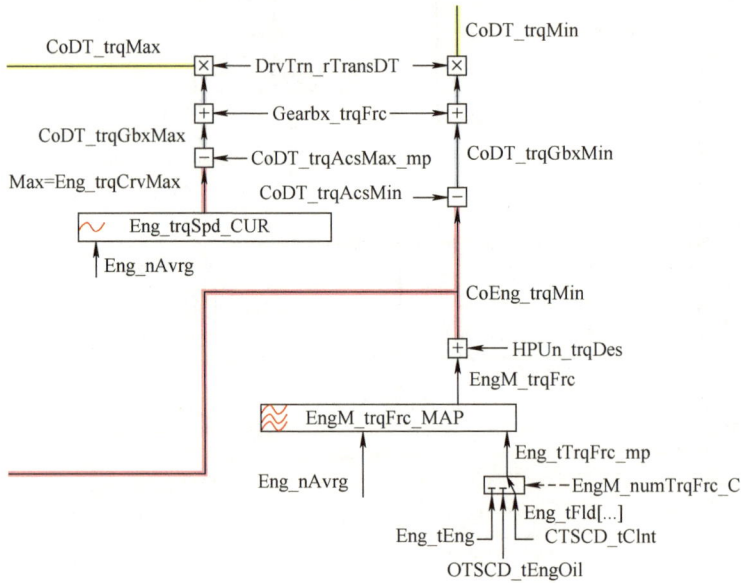

图 2-29 附件管理和发动机摩擦转矩补偿图

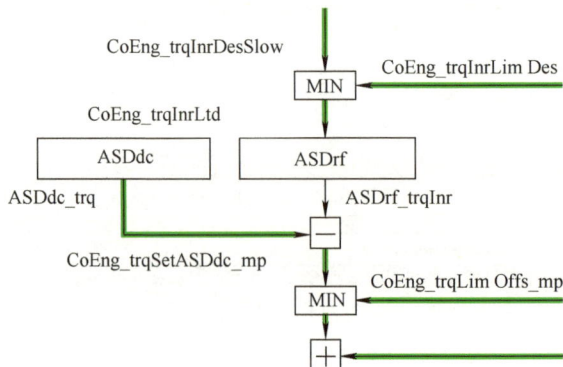

图 2-30 发动机动态振动抑制图

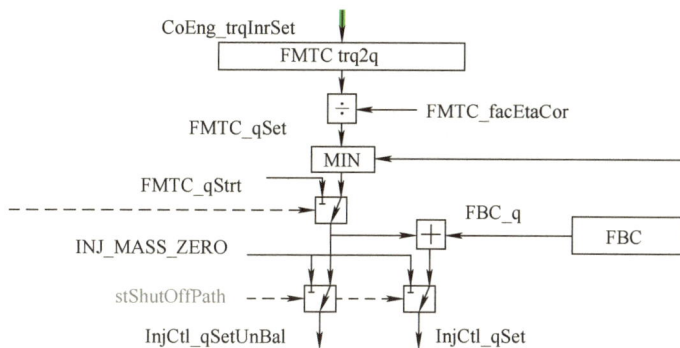

图 2-31 转矩油量转换图

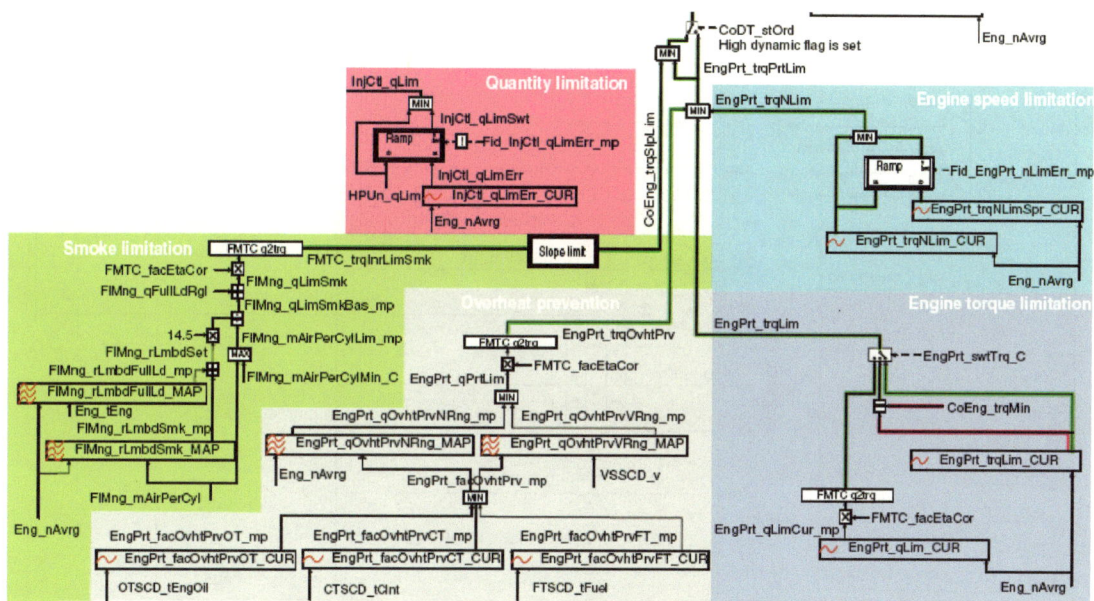

图 2-32 车辆限制功能图

当出现可以识别的故障时，系统会通过故障指示灯提示驾驶员，同时进行系统降级和保护。

各限制功能的共同作用使得车辆在使用中能够在保证使用性能的前提下，最大限度地保护车辆和发动机，最大限度地保证使用人员的使用需求、人员安全和财产安全。

3. ECU 接线

ECU 接线如图 2-33 所示。

此示意图具有如下功能：

1）定义了 ECU 各个引脚。发动机端的 A 线束接口见示意图下半部分，例如：A27、A19。车辆端的 K 线束接口见示意图上半部分，例如：K75、K45。

2）定义了各个引脚功能。例如：K75 是车速传感器的脉冲宽度调制（PWM）输入信号接口，如图 2-34 所示。

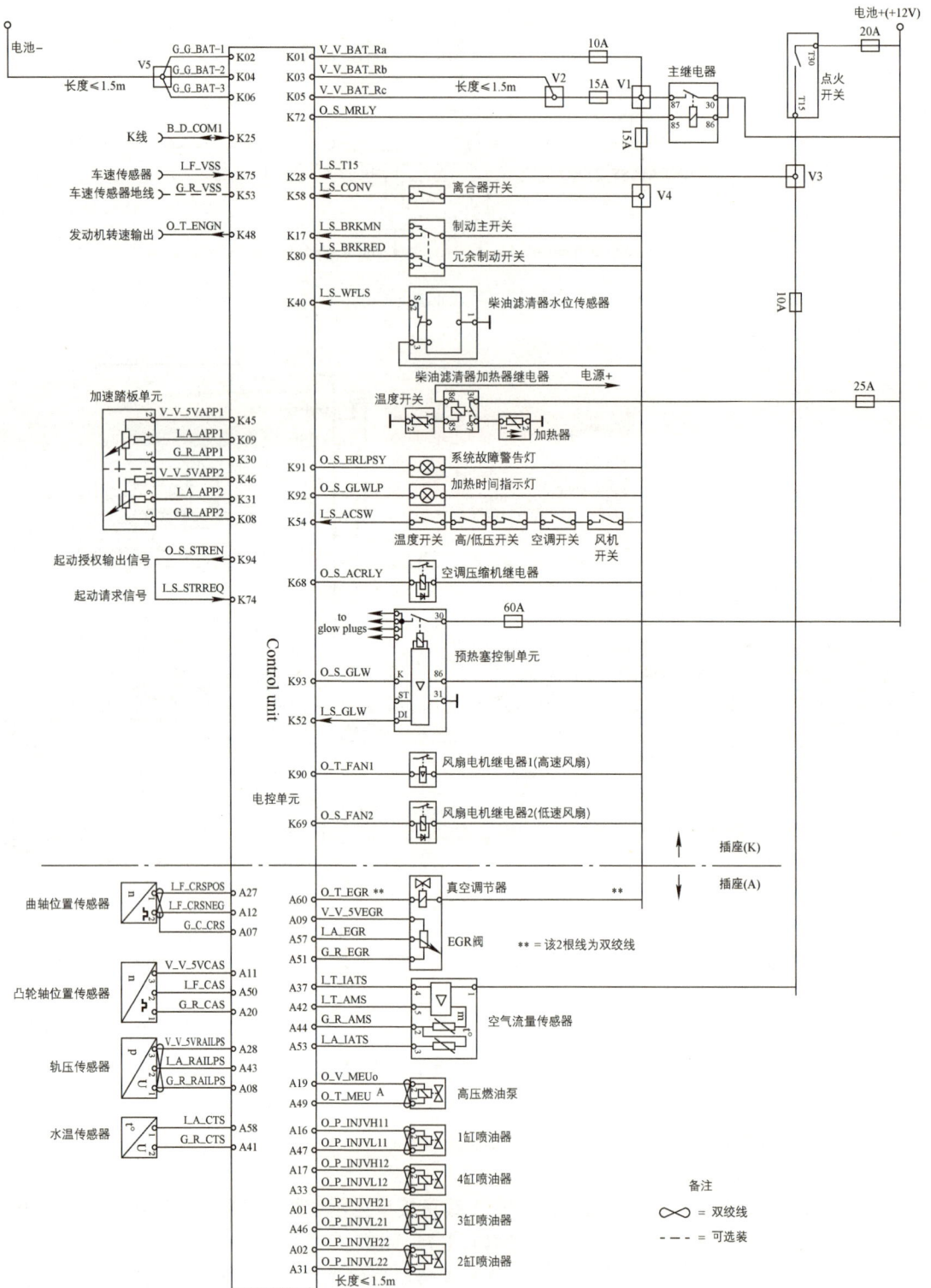

图 2-33　ECU 接线示意图

　　3）对于有较高电磁要求的线束，采取防护处理。例如：对曲轴位置传感器的信号线采取双绞处理，并且对其直接屏蔽到地，如图 2-35 所示。

图 2-34　车速传感器信号

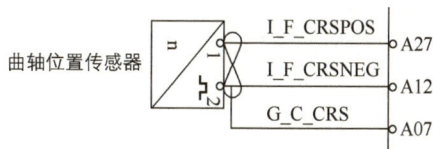

图 2-35　曲轴位置传感器信号

　　4）知道每一个引脚对应于传感器或者执行器的引脚。例如：水温传感器的 1 对应 ECU 的 A58，便于查找接线故障，如图 2-36 所示。

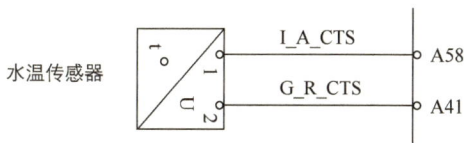

图 2-36　水温传感器信号

ECU 接线示意图说明：

　　1）ECU 通电接线如图 2-37 所示。点火开关 T15 闭合，经 V3 和 ECU 的 K28 引脚，激活经过 K72 的主继电器的输入电路，电磁铁吸合输出电路的触点，从而导通主继电器的输出电路，经过 ECU 的 K01、K03、K05 引脚进入其内部控制电路模块。

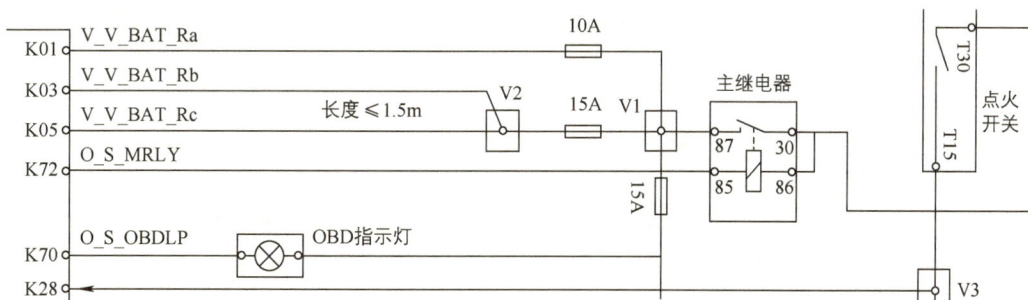

图 2-37　ECU 通电接线

　　2）柴油滤清器加热器接线如图 2-38 所示。此功能不受 ECU 的控制，当环境温度低于设定温度时，温度开关接通，从而继电器的输入电路接通，吸合触点输出电路导通，使加热器开始工作，达到柴油滤清器低温加热目的。当环境温度高于设定温度时，温度开关断开，使加热继电器的输入电路断开，从而终止加热器工作。

图 2-38　柴油滤清器加热器接线

3）K 线端口如图 2-39 所示。K25 也称为 ECU 故障诊断接口，是读取故障码、环境变量、冻结帧、驾驶记录以及 IQA 码的接口。使用汽车诊断仪可以实现上述功能。

4）电控风扇接线如图 2-40 所示。根据标定的冷却液温度的高低范围，ECU 读取当前的冷却液温度，从而触发引脚 K90（高速风扇）或者 K69（低速风扇）电路导通。

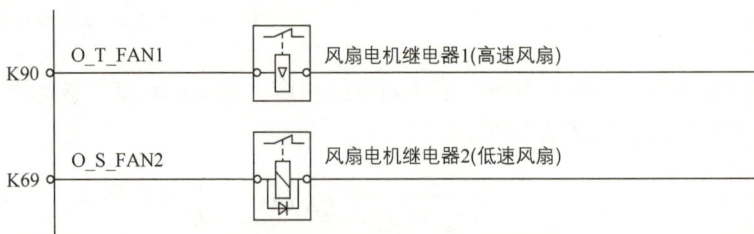

图 2-39　K 线端口

图 2-40　电控风扇接线

5）制动开关接线如图 2-41 所示。制动主开关是常开型，冗余制动开关为常闭型。当制动主开关意外失效时，冗余制动开关立即启动制动功能。

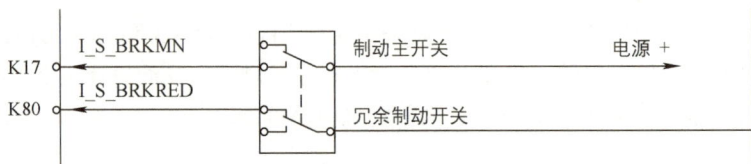

图 2-41　制动开关接线

2.17.2　电控柴油共轨系统零部件

电控柴油共轨系统主要包括线束、电子控制装置（ECU）、传感器和执行器。

电控柴油共轨系统接口如图 2-42 所示。EDC16C39 系统在 ECU 和各个执行器、传感器之间通过线束进行连接，线束由发动机端的 A 接口线束和车辆端的 K 接口线束组成。

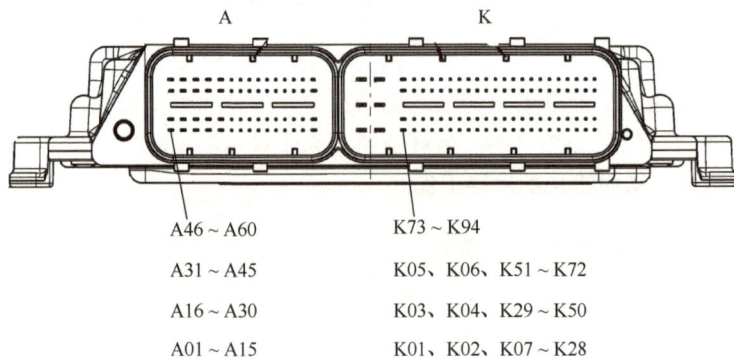

A46 ~ A60	K73 ~ K94
A31 ~ A45	K05、K06、K51 ~ K72
A16 ~ A30	K03、K04、K29 ~ K50
A01 ~ A15	K01、K02、K07 ~ K28

图 2-42　电控柴油共轨系统接口图

1. 传感器

电控柴油共轨系统包括以下传感器：

1）发动机转速传感器。

2）发动机相位传感器。

3）发动机进气歧管压力温度传感器。

4）大气压力传感器。

5）空气流量计。

6）轨压传感器。

7）EGR 阀位置度传感器。

8）发动机冷却液温度传感器。

9）柴油滤清器水位传感器。

10）加速踏板。

（1）发动机转速传感器　发动机转速传感器如图 2-43 所示。

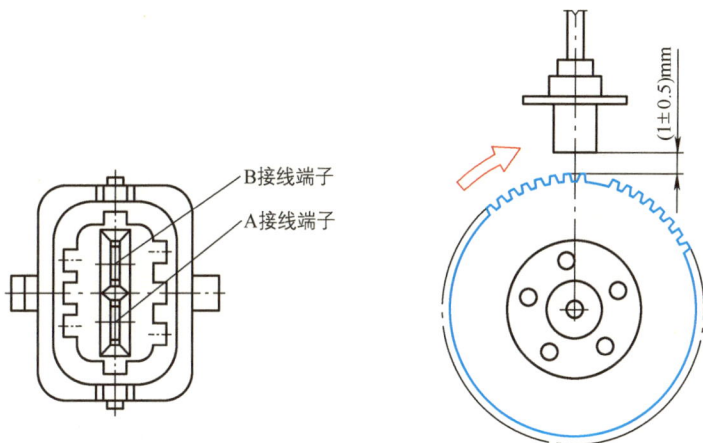

B接线端子

A接线端子

$(1\pm0.5)mm$

图 2-43　发动机转速传感器

发动机转速传感器工作原理如图 2-44 所示。传感器安装正对着铁磁体的触发轮，它们之间被较小的空气间隙隔开。在传感器内部有一个软铁心，该铁心被线圈包围，并与一个永磁体相连。永磁体发出的磁场通过软铁心传到触发轮，磁场的强度受到触发轮与传感器间的磁隙的影响，当触发轮轮齿向传感器接近时，磁场强度变强，当触发轮轮齿远离传感器时，磁场强度变弱。当触发轮旋转时，将会产生一个交变的磁场，从而使得电磁线圈产生一个正弦感应电压，交变电压的振幅随着触发轮转速的提高而加大（几毫伏→ 100V），要求至少在 30r/min 时就能产生合适的信号电压。

当信号齿穿过转速传感器的磁场时，将在传感器的 A 接线端子上出现正弦波形的 1/2 正电压波。

（2）发动机相位传感器　发动机相位传感器工作原理如图 2-45 所示。

霍尔式传感器如图 2-46 所示。基于霍尔效应原理，一个铁磁体的触发轮随凸轮轴一起转动，霍尔效应的集成电路安装于触发轮和永磁体间，永磁体产生垂直于霍尔元件的磁场。

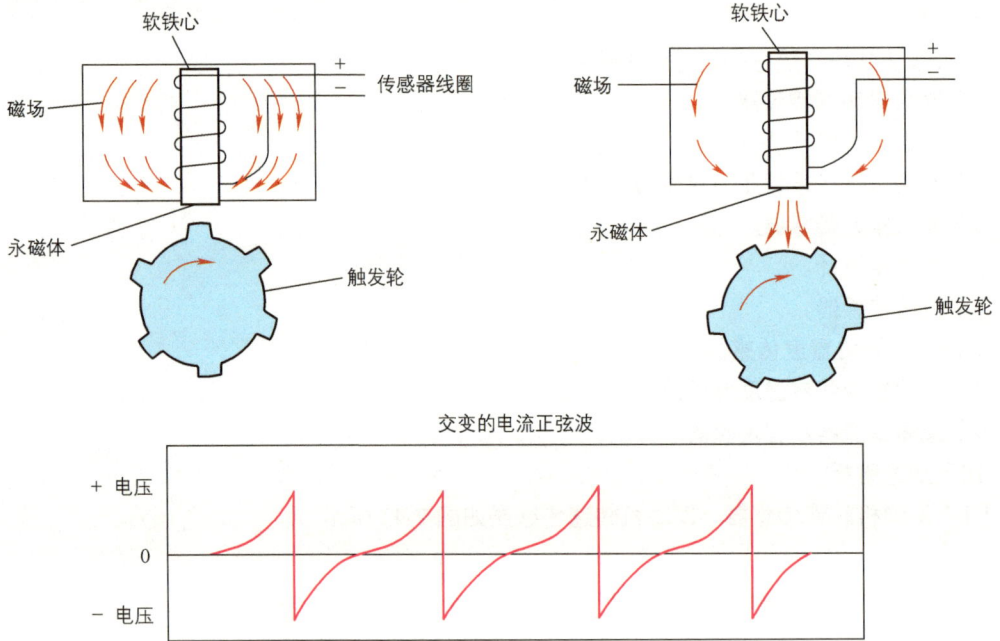

图 2-44 发动机转速传感器工作原理图

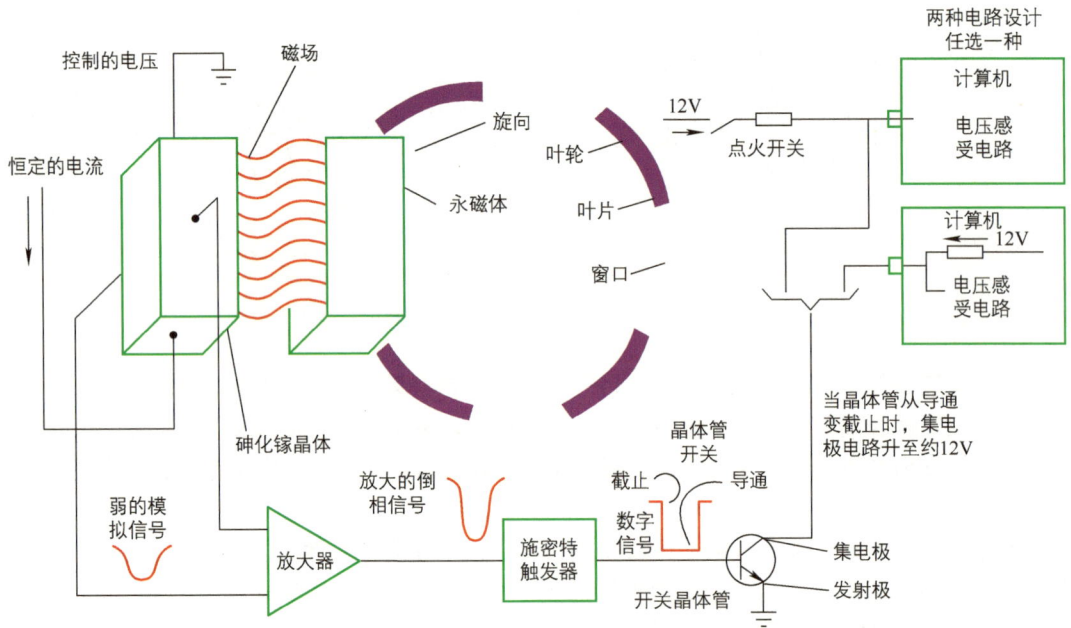

图 2-45 发动机相位传感器工作原理图

　　如果其中一个触发轮齿通过流线型传感器元件（半导体晶片），它改变了垂直于霍尔元件的磁场强度，这将使得在长轴方向电压下驱动的电子向垂直于电流的方向偏离，从而在该方向产生毫伏级电压信号，其幅值与传感器相对于触发轮的转速有关。与传感器霍尔集成电路制成一体的计算电路对信号进行处理并以方波信号输出。

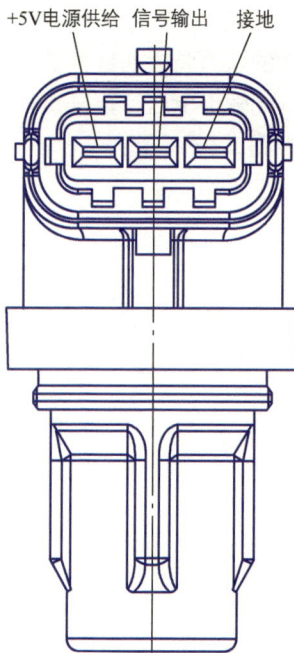

图 2-46　霍尔式传感器

（3）发动机进气歧管压力温度传感器　发动机进气歧管压力温度传感器如图 2-47 所示。

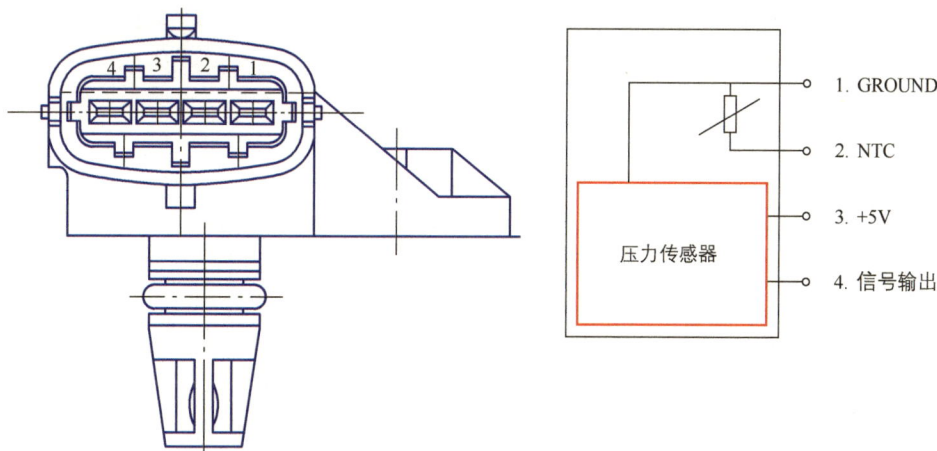

图 2-47　发动机进气歧管压力温度传感器

　　压力传感器的测量元件安装于其中心部位，它与一个被微机械蚀刻的硅膜制成一体，四个变形的电阻分布在硅膜的膜片上。

　　当有微小压力作用于硅膜膜片上时，它们的电阻值发生变化，测量元件的四周被一盖子环绕，测量元件与盖子一起将参考真空封闭。微机械压力传感器也可以与温度传感器制成一体，独立地测量温度和压力。根据压力测量的范围，传感器的膜片可以制成 10 ~ 1000μm 厚度。压力传感器以惠斯通电桥（Wheatstone bridge）原理工作，当膜片在气压作用下发生变形时，四个测量电阻的其中两个电阻值升高，而其他两个电阻值降低，这将导致电桥的输出端产生电压，以该电压值代表压力。信号处理电子电路被集成在传感器内部，该电路用于对电桥电压进行放大，同时补偿温度的影响，产生线性的压力特性曲线。其输出电压在 0～5V 范围，通过端子与发动机的 ECU 连接，发动机 ECU 以此输出电压计算压力。

（4）空气流量计　空气流量计如图 2-48 所示。

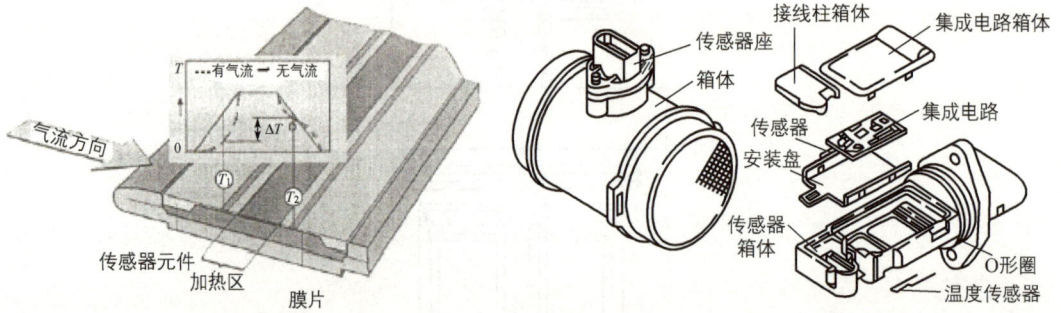

图 2-48　空气流量计

热膜式空气流量计是一个带有逻辑输出的空气质量传感器，为了获得空气流量，传感器元件上的传感器膜片被中间安装的加热电阻加热，膜片上的温度分配被与加热电阻平行安装的温度电阻测量。通过传感器的气流改变了膜片上的温度分配，从而使得两个温度电阻的电阻值产生差异。电阻值的差异取决于气流的方向和流量，因此空气流量传感器对空气的流量和方向具有较高的要求。微机械制造的小尺寸和较低的热容量式的传感器的响应时间小于 15ms。

空气流量计接口如图 2-49 所示。

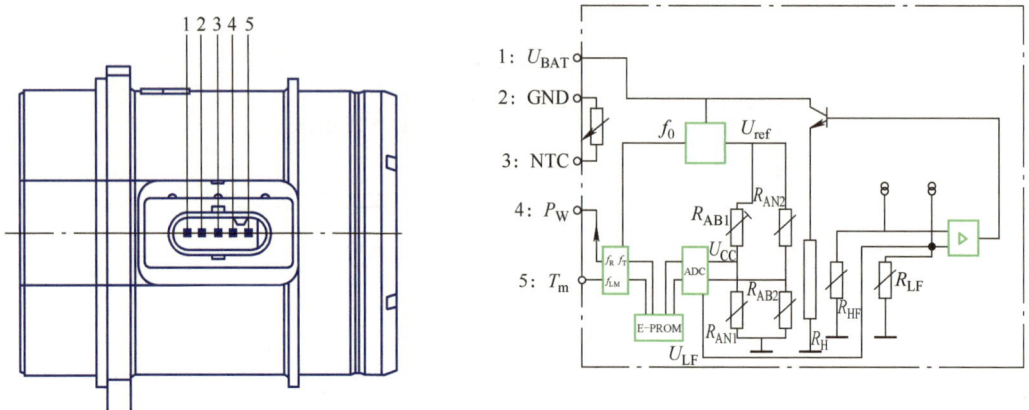

图 2-49　空气流量计接口图

（5）轨压传感器　轨压传感器如图 2-50 所示。

（6）EGR 阀位置度传感器　在 EDC 系统中，可以采集获得 EGR 阀的位置度，此信号来源于装在 EGR 阀顶部的位置度传感器。

（7）发动机冷却液温度传感器　发动机冷却液温度传感器如图 2-51 所示。

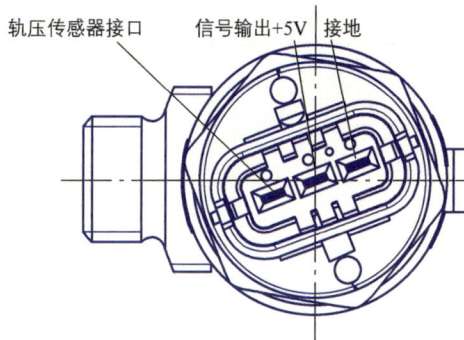

图 2-50　轨压传感器

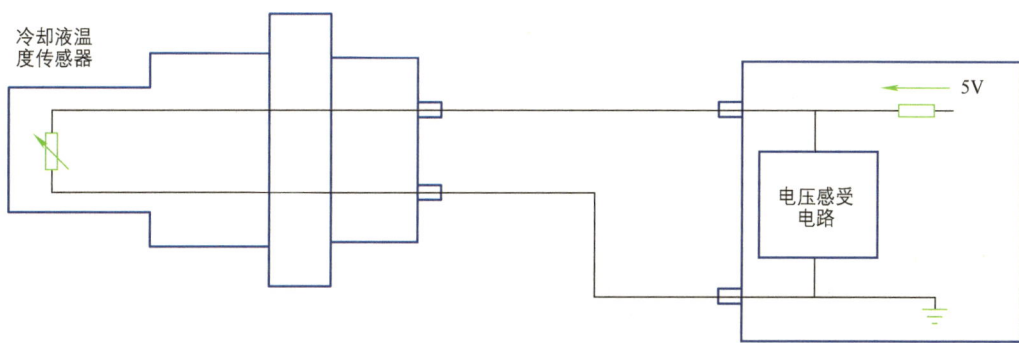

图 2-51　发动机冷却液温度传感器

传感器安装在缸盖靠近出水口的位置，本体由黄铜制成，它对负温度系数（NTC）型电阻制成的电阻元件起保护作用。

冷却液温度传感器接口如图 2-52 所示。温度传感器的热敏电阻作为 5V 分压电路的一部分，温度传感器的两端与受压电路相连接，当温度传感器的热敏电阻随温度发生变化时，受压电路的电压发生变化，该电压被输入 ECU 接口电路的模 / 数转换电路。

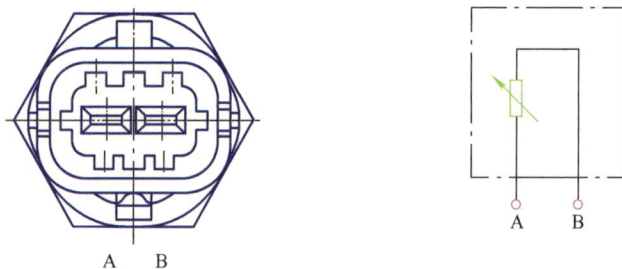

图 2-52　冷却液温度传感器接口

电阻与温度之间的关系特性曲线被存储在发动机管理系统的 ECU 中，见表 2-2。

（8）柴油滤清器水位传感器　当柴油滤清器里从柴油沉积出的水达到足够量时，导通 2、3 电极间的电路，从而使整个柴油滤清器水位传感器电路接通，经 K40 被 ECU 确认后，储存此故障，如图 2-53 所示。同时并联的油含水警告灯亮起，达到警告目的。此电路不受 ECU 控制。

表 2-2　温度传感器温度 – 电阻表

温度 /℃	电阻 /kΩ	温度 /℃	电阻 /kΩ
–40	45.3	40	1.2
–30	26.1	60	0.6
–20	15.5	80	0.3
–10	9.4	100	0.19
0	5.9	120	0.11
20	2.5	140	0.07
25	2.1		

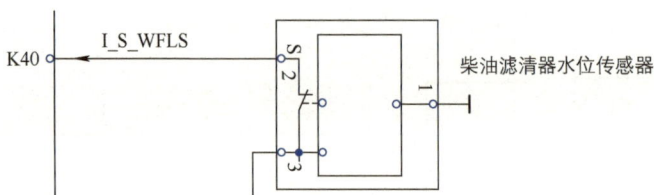

图 2-53　柴油滤清器水位传感器接口

（9）加速踏板　加速踏板接口如图 2-54 所示。

加速踏板是驾驶员对发动机驱动意图的具体表达，ECU 获取加速踏板信号后，将其转换为踏板的开度，再根据内部的脉谱图得到当前需求的转矩。

2. 执行器

电控柴油共轨系统包括以下执行器：

1）喷油器。

2）高压泵。

3）EGR 阀控制模块。

4）油量计量单元（高压油泵）。

5）预热控制器。

6）空调继电器。

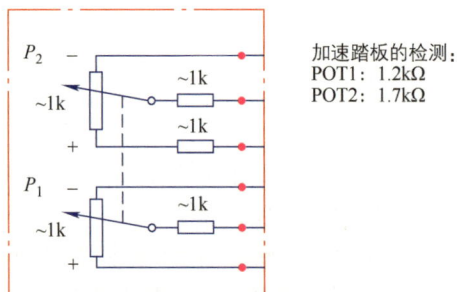

图 2-54　加速踏板接口

（1）喷油器　喷油器如图 2-55 所示。

燃油来自高压油路，经通道流向喷油嘴，同时经节流孔流向控制腔，控制腔与燃油回路相连，途经一个受电磁阀控制其开关的泄油孔。泄油孔关闭时，作用于针阀控制活塞的液压力超过了喷油嘴针阀承压面的力，结果，针阀被迫进入阀座且将高压通道与燃烧室隔离，密封。

当喷油器的电磁阀被触发，泄油孔被打开，这将引起控制腔的压力下降，结果，活塞上的液压力也随之下降，一旦液压力降至低于作用于喷油嘴针阀承压面上的力，针阀被打开，燃油经喷孔喷入燃烧室。

这种对喷油嘴针阀的不直接控制采用了一套液压力放大系统，因为快速打开针阀所需的力不能直接由电磁阀产生，所谓的打开针阀所需的控制作用，是通过电磁阀打开泄油孔使得控制腔压力降低，从而打开针阀。

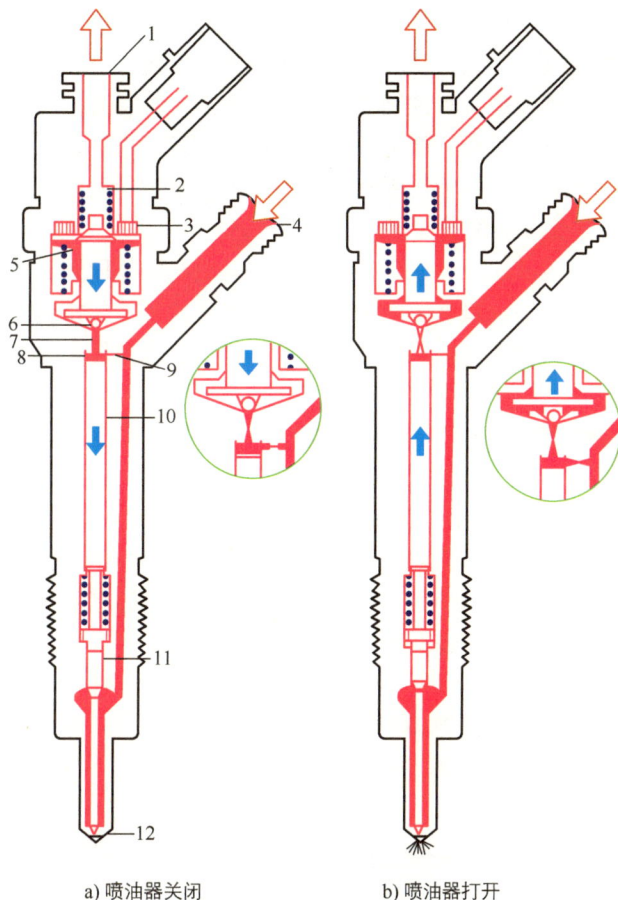

a) 喷油器关闭　　　　　　　b) 喷油器打开

图 2-55　喷油器

1—回油管　2—回位弹簧　3—线圈　4—高压连接　5—枢轴盘　6—球阀　7—泄油孔
8—控制腔　9—进油口　10—控制活塞　11—油嘴轴针　12—喷油嘴

此外，燃油还在针阀和控制柱塞处产生泄漏，控制和泄漏的燃油，通过回油管，会同高压泵和压力控制阀的回油流回油箱。

在发动机运转和高压泵产生压力状态下，将喷油器的工作过程划分为四个阶段：

1）喷油器关闭（自由状态）。

2）喷油器打开（开始喷射）。

3）喷油器完全打开。

4）喷油器关闭（喷射结束）。

这些工作阶段是作用于喷油器各零部件的分配力所导致的。发动机停机时，共轨中没有压力，喷油嘴弹簧使喷油器关闭。

喷油器关闭（自由状态）：在自由状态，电磁阀没有通电，所以它是关着的。泄油孔关闭，阀的弹簧使枢轴的球体顶在泄油孔座上，共轨高压在阀控制腔建立，同样的压力也存在于喷油嘴的承压腔内。共轨压力作用于控制活塞的末端面，与喷油嘴弹簧力共同作用，克服由承压腔产生的开启力，维持喷油嘴在关闭位置。

喷油器打开（开始喷射）：喷油器处于自由状态，电磁阀通以用于保证它快速打开的峰值电流。由电磁触发产生的力超过阀的弹簧力，触发器打开泄油孔。几乎同时，较高的拾取电流降至较低的电磁铁所需的维持电流，磁路的磁隙变小使得仅需较小的维持电流使得控制阀保持开启。当泄油孔打开时，燃油将从阀控制腔流入位于它上方的空腔，燃油由此经回油管回到油箱。泄油孔破坏了绝对的压力平衡，最终在阀控制腔内的压力也下降，这导致阀控制腔内的压力低于仍与共轨有相同压力水平的喷油嘴承压腔的压力。阀控制腔内压力的减小，导致作用于控制活塞上的力减小，最终喷油嘴针阀打开，喷射开始。

喷油嘴针阀的打开速度取决于流过控制腔的进、泄油孔的不同流量。控制活塞到达上方的停止位置，那里仍由在进、出油口之间的燃油流动所产生的缓冲保持着。这时，喷油器喷油嘴完全打开，且燃油以几乎与共轨内相同的压力喷入燃烧室。喷油器的强制分配与它在打开阶段时相似。

喷油器关闭（喷射结束）：一旦电磁阀不被触发，阀弹簧使枢轴向下运动，球阀将关闭泄油孔。枢轴被设计成两个元件，虽然枢轴盘在它向下运动过程中是由一个驱动凸肩导向的，但它能利用抵消弹簧对回位弹簧缓冲，从而尽量没有向下的力作用于枢轴和球阀上。泄油孔关闭泄油口，燃油经进油口进入控制腔建立压力，这个压力与共轨内的压力相同，该压力在控制活塞末端面上产生一个增大的力，这个力再加上弹簧力，此时超过了由承压腔产生的力，所以喷油器针阀关闭。喷油器针阀的关闭速度取决于进油孔的流量，一旦喷油嘴针阀又运动至底部密封位置，喷射停止。

（2）高压泵　高压泵结构如图 2-56 所示。

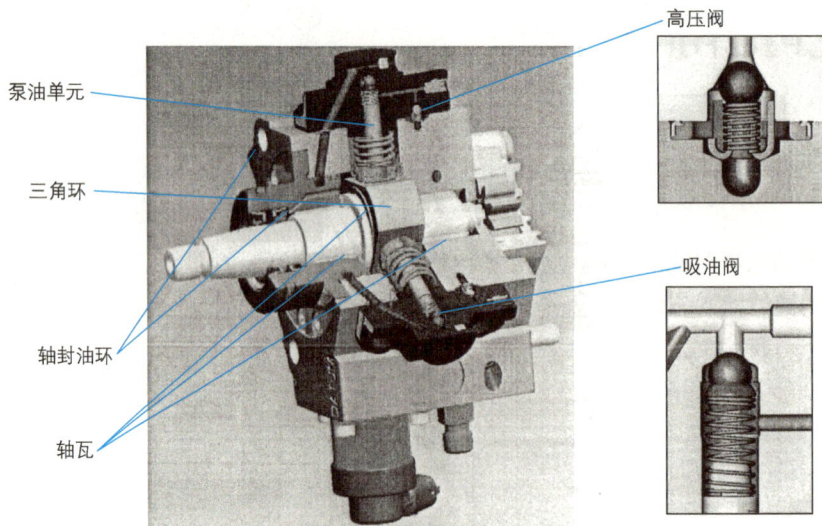

图 2-56　高压泵

优点：

1）结构紧凑，占用空间小。

2）提供的燃油压力大，一般为 1450bar，最大可达 1600bar。

3）驱动力矩小，是类似分配泵所需力矩的 1/9。

4）燃油输出能够实现闭环控制，从而实现变工况的精确输出。

工作方式：

与高压泵集成一体的齿轮输油泵通过一个水分离滤清器将燃油从油箱中泵出，一路燃油通过吸油阀进入泵油单元泵腔。带偏心轮的驱动轴驱使三个泵柱塞上下运动，实现吸油输油的目的。

如果输油压力超过安全阀的开启压力（0.5~1.5bar），输油泵能够使燃油通过高压泵的吸油阀进入各个泵油单元泵腔内，这时泵柱塞因为输油压力向下运动（吸油行程）。当柱塞超过下止点时，吸油阀被关闭，此时燃油被压缩，当压力超过输油泵的输出压力，达到共轨内的压力，就会使出油阀开启，燃油进入高压油路输出。

泵柱塞将继续供油直至达到上止点（输油行程）。然后压力下降，出油阀关闭。剩余的燃油解压；泵柱塞向下运动。当泵腔内的压力低于输油压力时，进油阀重新开启，泵油过程再次开始。

三个柱塞轮流输出燃油。

另一路燃油从输油泵通过泄压阀进入高压泵的润滑和冷却油路，与喷油器回油油路会合流回燃油箱。

高压泵油路如图 2-57 所示。

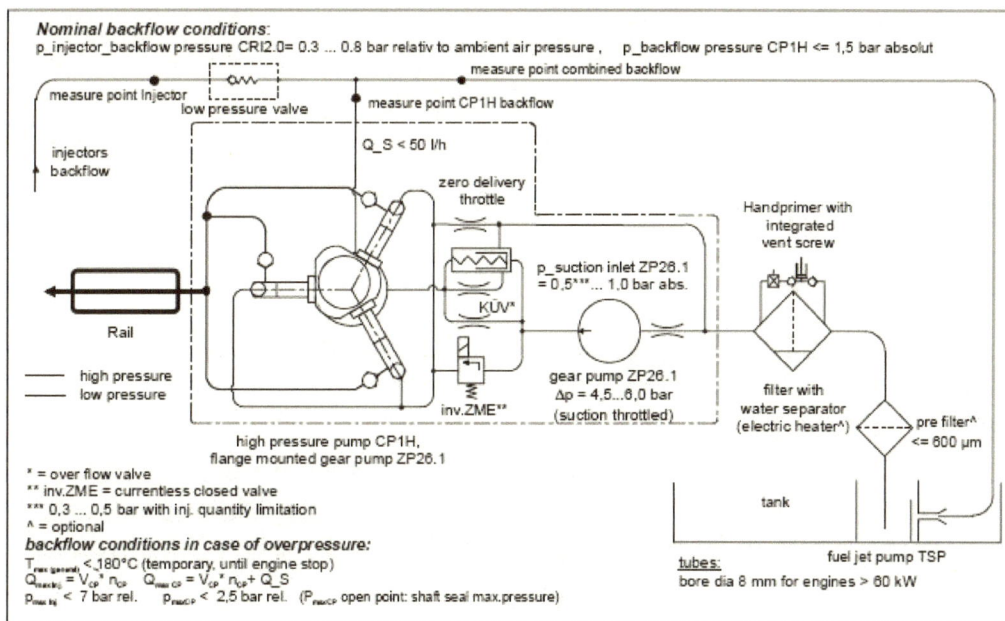

图 2-57　高压泵油路示意图

（3）EGR 阀控制模块　EGR 阀控制模块如图 2-58 所示。

EGR 阀控制模块是通过调节真空度，来实现对 EGR 阀的控制。为了保证 EGR 阀的正常工作，EGR 控制模块需要连接一根管路到发动机的真空源，通常是发动机所带的真空泵，模块受来自 ECU 的 PWM 波控制，随着 PWM 波占空比的变化，模块内的电磁阀门开启和关闭所占时间比例也发生变化，从而达到调节 EGR 阀控制真空度的目的。

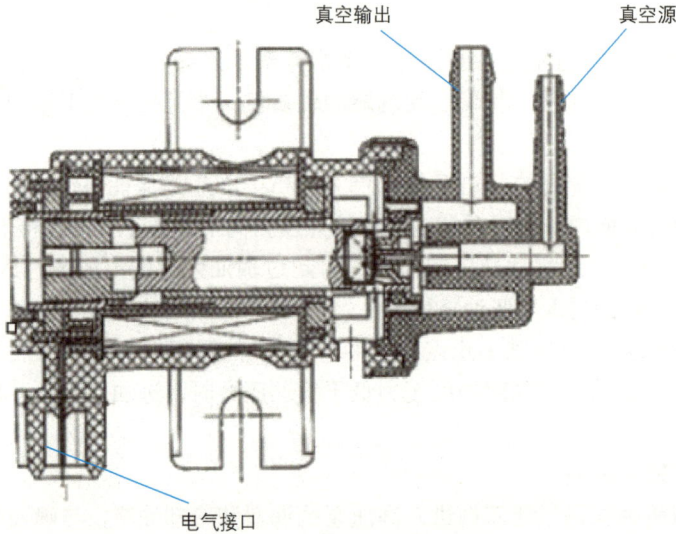

真空输出　真空源

电气接口

图 2-58　EGR 阀控制模块

（4）预热控制器　预热控制器如图 2-59 所示。

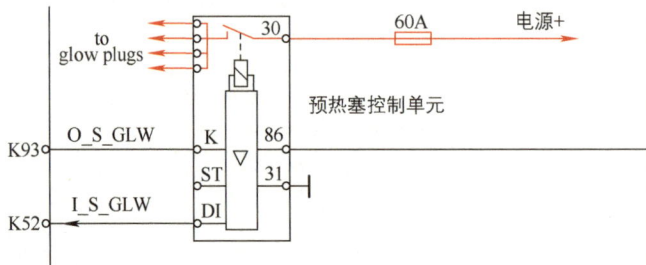

to
glow plugs

30　60A　电源+

预热塞控制单元

K93　O_S_GLW　K　86

ST　31

K52　I_S_GLW　DI

图 2-59　预热控制器

在柴油机这种典型的压燃机当中，为了在较低温度时对发动机的冷机起动进行辅助工作，预热是其中一种手段，在缸盖上安装有预热塞，预热塞的加热头部直接伸入发动机燃烧室内，对压缩后的油气混合气进行加热。

预热塞是正温度系数（PTC）陶瓷加热器，使用的电压范围是 0～12V，在冷态时它的电阻在 0.8～1.2Ω。对预热塞的通电和断电是 ECU 通过控制预热控制模块来完成的，预热控制模块上需要连接 12V 的电源，当控制模块接收到 ECU 发出的指令后，通过线束将电源通往预热塞，实现对发动机有控制的预热。

在满足大气压力和冷却液温度的条件下，ECU 导通 K93 引脚所在的预热继电器的输入电路，使电磁铁吸合继电器的输出电路触点，导通输出电路，给电热塞加热，从而预热四个气缸。同时，K52 引脚反馈给 ECU 预热信号，在预热 MAP 图的控制下实现预热时间的闭环输出，此时 ECU 也触发了 K92 的预热指示灯。

（5）空调继电器　空调继电器如图 2-60 所示。

司乘人员闭合空调开关和风机开关后，则向 ECU 经过 K54 引脚传递要开空调的信号，ECU 通过 K68 引脚导通控制空调压缩机的继电器输入电路，从而继电器磁铁吸引输出电路的触点闭合，导通压缩机的输出电路。从而使压缩机磁性离合器闭合，压缩机开始制冷。

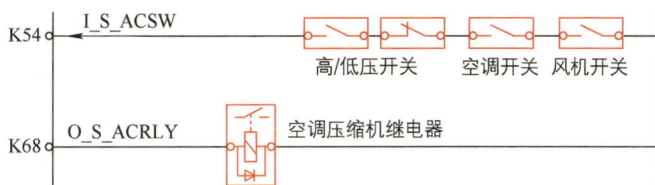

图 2-60　空调继电器

喷油系统 ECU 和传感器 / 执行器输入 / 输出如图 2-61 所示。

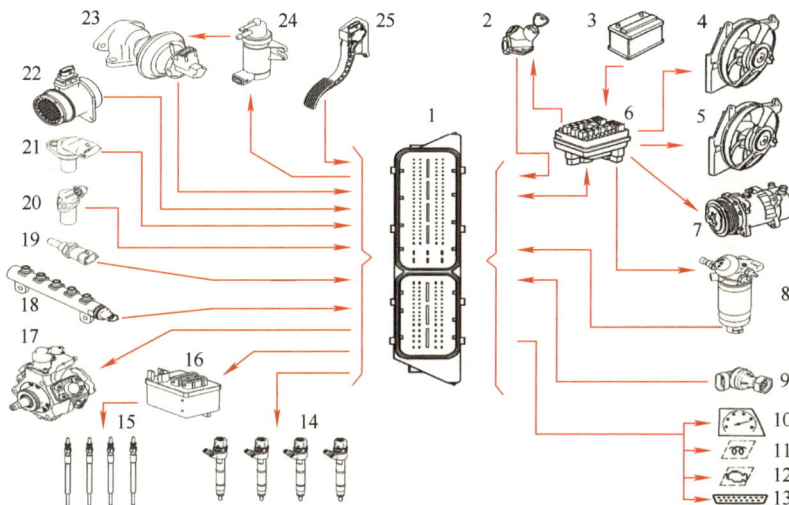

图 2-61　喷油系统 ECU 和传感器 / 执行器输入 / 输出图

1—电控单元（ECU）　2—点火开关　3—蓄电池　4—风扇 1　5—风扇 2　6—继电器、熔断器接线盒
7—空调系统压缩机　8—带油水分离器的柴油滤清器　9—车速传感器　10—发动机转速表　11—加热时间指示灯
12—系统故障警告灯　13—诊断插座　14—喷油器　15—电热塞　16—预热塞控制单元（GCU）
17—高压燃油泵　18—轨压传感器　19—水温传感器　20—曲轴转角传感器　21—凸轮轴位置传感器
22—空气流量传感器　23—EGR 阀　24—真空调节器　25—加速踏板单元

2.18　排气及排气后处理系统

　　汽车排放法规日趋严格，排放限值大幅下降，大众排放门事件促使排放法规向更加严格的趋势发展，监管力度加大。

　　国五以前排放法规基本上套用欧洲体系，"京六"借鉴美国标准，"国六"主要借鉴欧洲体系，国六 a 相当于欧六 C，国六 b 严于欧六 C。欧洲采用稳态工况，该方法采用稳定的匀速过程，加载保持固定值，简单易行。美国采用瞬态工况，该方法对底盘测功机控制精度要求较高，能够精确测量排放污染物。欧五及欧六 b 测试循环为 NEDC，欧六 C 阶段测试循环为 WLTC 与 RDE，排放测试循环区域范围更加广泛，更加接近整车实际行驶工况，排放控制难度大大增加。对发动机及后处理系统要求更高。欧洲汽车工况测试循环如图 2-62 所示。

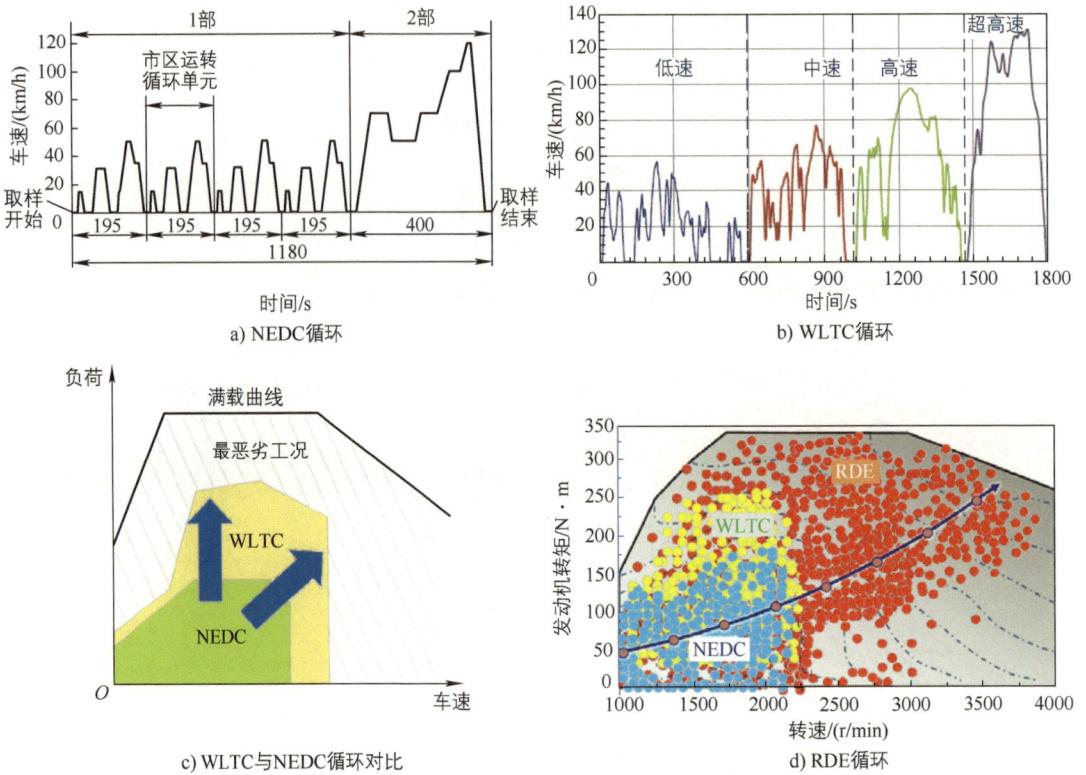

a) NEDC循環

時間/s

b) WLTC循環

時間/s

c) WLTC與NEDC循環對比

d) RDE循環

图 2-62　欧洲汽车工况测试循环示意图

1. 国四技术路线

国四技术路线如图 2-63 所示。

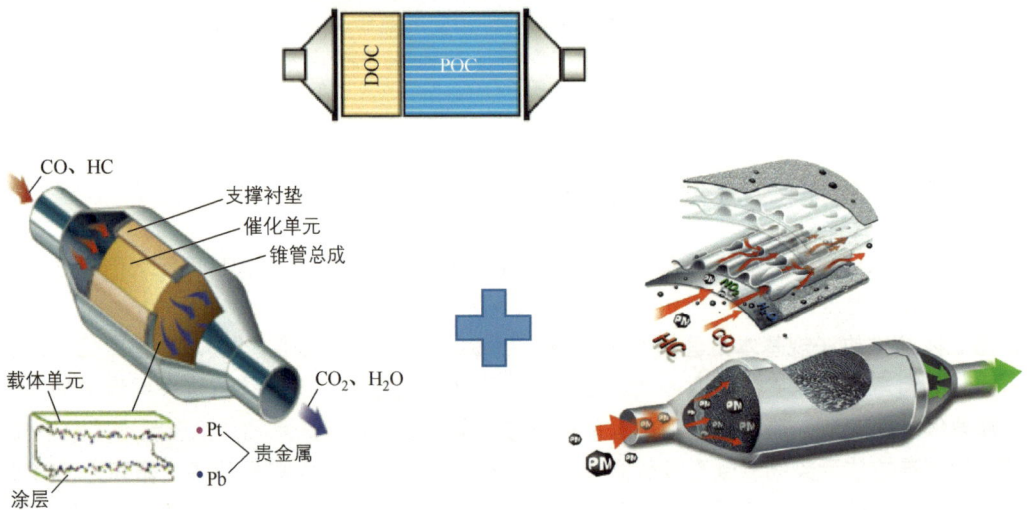

图 2-63　国四技术路线

（1）DOC（柴油机氧化催化器）

1）功能：DOC 主要用于处理尾气中的 CO、HC 以及 PM 中的可溶性有机物（SOF）。

2）工作原理：通过催化剂的作用，将 CO 和 HC 氧化成 CO_2 和 H_2O，同时将 PM 中的 SOF 部分氧化，从而降低尾气中的有害污染物含量。

（2）POC（颗粒物催化氧化器）

1）功能：POC 主要用于进一步降低尾气中的 PM 含量。

2）工作原理：POC 通过捕捉尾气中的颗粒物，并在高温下（通常在 250～500℃ 范围内）将其氧化燃烧掉，以达到降低 PM 排放的目的。

（3）注意事项

1）在使用 DOC + POC 组合时，需要确保柴油机的燃油质量和机油品质符合要求，以避免对催化器造成损害。

2）定期对 DOC 和 POC 进行维护和检查，确保其正常工作状态。

3）在 POC 堵塞或出现故障时，应及时进行处理，以避免对发动机性能造成不良影响。

2. 国五技术路线

国五技术路线如图 2-64 所示。

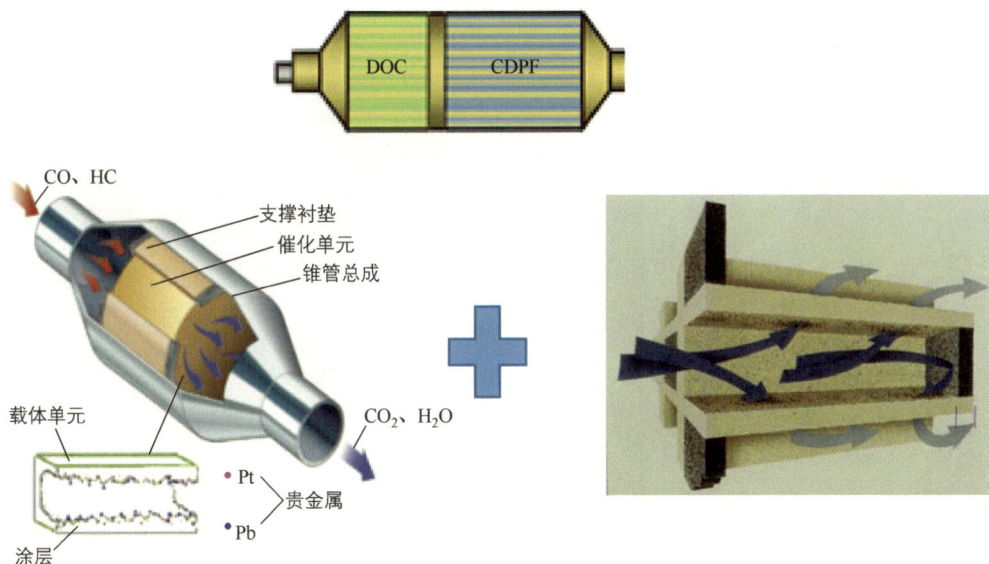

图 2-64　国五技术路线

（1）DOC（柴油机氧化催化器）

（2）CDPF（催化型柴油颗粒捕集器）

1）功能：CDPF 主要用于捕集和去除尾气中的固体颗粒物（PM），包括炭烟、灰分等。与普通的 DPF 相比，CDPF 在过滤体的表面涂覆了催化剂，能够在较低的温度下实现颗粒物的连续被动再生。

2）工作原理：尾气进入 CDPF 后，其中的颗粒物被过滤体捕集。同时，涂覆在过滤体表面的催化剂能够降低反应所需的温度，利用发动机自身排气温度（一般为 200～500℃）实现颗粒物的连续被动再生。在再生过程中，被捕集的颗粒物与尾气中的氧气在催化剂的作用下发生氧化反应，生成 CO_2 和水蒸气，从而实现颗粒物的去除和过滤体的再生。

（3）注意事项

1）在使用 DOC + CDPF 组合时，需要确保柴油机的燃油质量和机油品质符合要求，以避免对催化器造成损害。

2）定期对 DOC 和 CDPF 进行维护和检查，确保其正常工作状态。特别是 CDPF，需要定期清理再生过程中产生的灰分等杂质，以避免堵塞和影响再生效果。

3）在遇到排放超标或系统故障时，应及时进行诊断和修复，以避免对环境和发动机性能造成不良影响。

3. 国六技术路线

国六技术路线如图 2-65 所示。

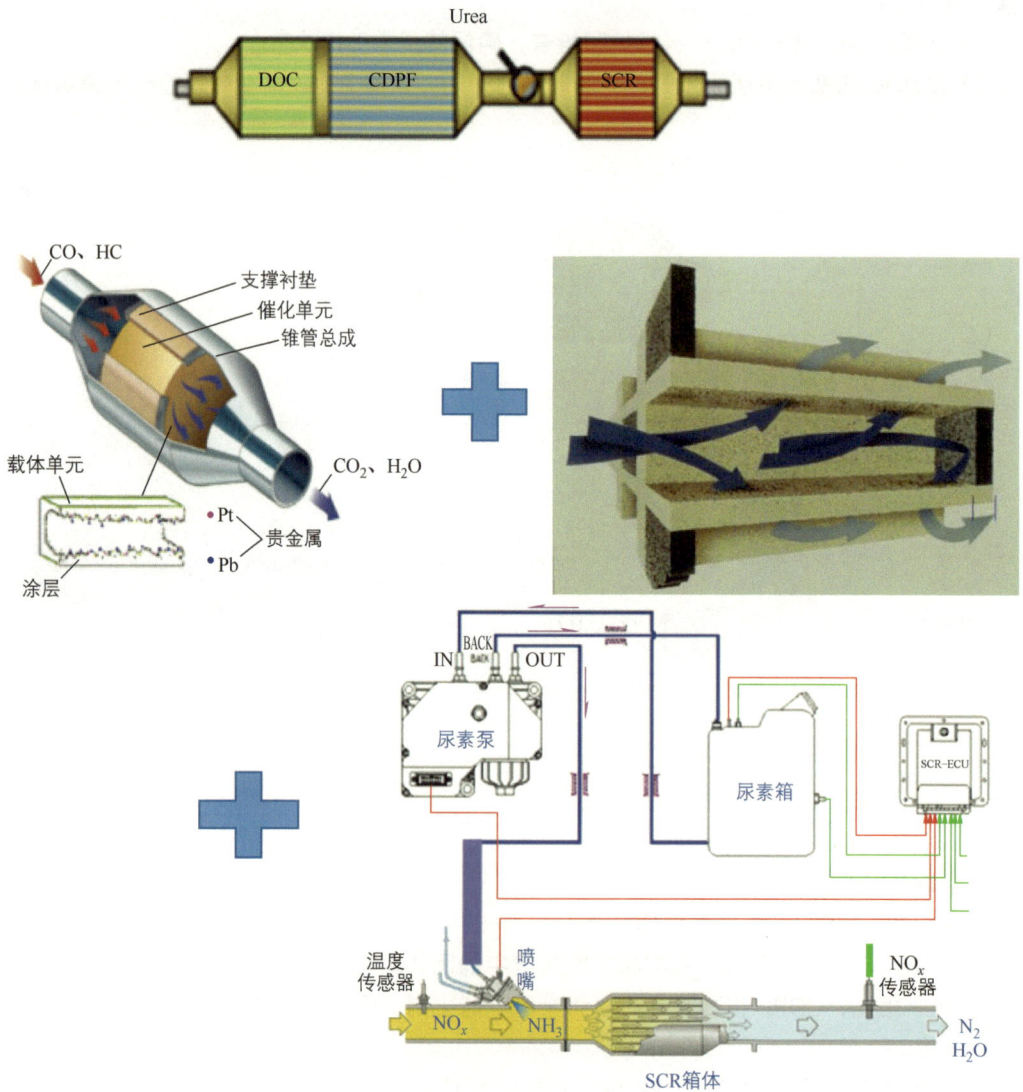

图 2-65　国六技术路线

（1）DOC（柴油机氧化催化器）

（2）CDPF（催化型柴油颗粒捕集器）

（3）SCR（选择性催化还原）

1）功能：SCR 主要用于降低尾气中的氮氧化物（NO_x）排放。

2）工作原理：在 SCR 系统中，尿素水溶液（通常称为 AdBlue）被喷射到尾气中，在催化剂的作用下，尿素分解为氨气（NH_3）。随后，NH_3 与尾气中的 NO_x 在 SCR 催化剂的作用下发生选择性催化还原反应，生成无害的氮气（N_2）和水（H_2O），从而显著降低 NO_x 排放。

（4）注意事项

1）在使用 DOC + CDPF + SCR 组合时，需要确保柴油机的燃油质量和机油品质符合要求，以避免对催化器造成损害。

2）定期对 DOC、CDPF 和 SCR 进行维护和检查，确保其正常工作状态。特别是 CDPF 和 SCR 催化剂，需要定期清理和更换，以避免堵塞和失效。

3）尿素水溶液的质量和添加量对 SCR 系统的性能有重要影响，应使用符合标准的尿素水溶液，并定期检查和添加。

4）在遇到排放超标或系统故障时，应及时进行诊断和修复，以避免对环境和发动机性能造成不良影响。

第 3 章
D19TCI 电控高压共轨柴油机
主要技术规格和技术参数

3.1 柴油

D19TCI 柴油机采用电控高压共轨燃油喷射系统，为保证供油系统的可靠性，必须使用国家正规石油公司出品的、符合标准的清洁柴油。

⚠ **加油请到正规加油站，严禁使用劣质柴油。**

选用柴油的标号与使用环境温度有关。环境温度降低时，柴油中的石蜡析出，阻塞燃油管路，不能供给燃油或供油困难，造成发动机不能起动，所以在不同的季节、地区，应依据环境温度选用不同牌号的柴油。

柴油牌号及适用的温度见表 3-1。

表 3-1 柴油牌号及适用的温度

环境温度	5℃以上	−5℃以上	−10℃以上	−25℃以上
应采用的柴油牌号	0 号轻柴油	−10 号轻柴油	−20 号轻柴油	−35 号轻柴油

⚠ **注意!**

1）请不要让发动机因油箱燃油耗尽而熄火，否则在加注新的燃油后，必须先用手油泵将油管和高压油泵内的空气排出，并使油管和高压油泵内充满燃油，方可起动发动机，以免因缺油造成高压油泵磨损。

2）排气充油步骤（图 3-1）：

① 先拧松排气螺塞。

② 用手压下手油泵、然后松开，反复泵油直到排气螺塞处没有空气排出。

③ 拧紧排气螺塞，再用手油泵泵油，直到喷油泵内充满燃油。

⚠ **注意!**

1）柴油中的水对燃油系统危害极大。

手油泵   排气螺塞

图 3-1 排气充油步骤

2）柴油滤清器具有油水分离功能。当发现仪表板上的柴油滤清器水位警告指示灯亮时，说明柴油滤清器中已积满水，应及时排出。否则会造成高压油泵、高压油轨、喷油器的锈蚀和磨损，带来不必要的损失。

3）放水步骤（图 3-2）：

① 拔掉水位传感器插头。

② 拧松水位传感器，放出污水，直到有柴油流出。

③ 拧紧水位传感器，插上水位传感器插头。

水位传感器　　拧松水位传感器

图 3-2　放水步骤

3.2　机油

D19TCI 柴油机必须使用指定的 A3/B4 柴油机专用机油。

机油的黏度与环境温度有关，在环境温度降低时，机油的黏度增大，增加了起动阻力，柴油机不易达到起动转速，起动困难。因此在不同季节、不同地区，应根据不同的环境温度正确选用不同黏度等级的机油。

机油黏度等级及适用的温度见表 3-2。

表 3-2　机油黏度等级适用温度表

环境温度	对应 SAE 机油黏度等级
−10℃以上	15W/40
−20℃以上	10W/40
−30℃以上	5W/30
极寒地区	0W/30

1. 检查机油油位

检查机油油位，如图 3-3 所示。

1）关闭发动机，等待几分钟。

2）拉出机油尺。

3）用干净的布擦拭机油尺，然后把机油尺重新插到底。

4）接着再次拉出机油尺，查看机油油位。检查机油油面是否在油标尺上下刻线之间，不足时应添加机油。

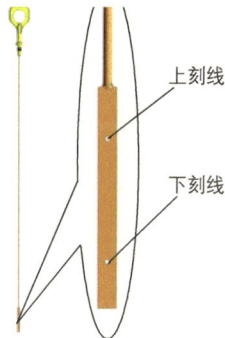

上刻线

下刻线

图 3-3　检查机油油位

⚠ 注意！

1）必须定期检查发动机机油油位。

2）加油用具一定要清洁。

3）机油油面突然升高或降低时，应立即检查原因。

4）测量机油油位时，汽车必须水平放置。关闭发动机后请等待几分钟，使机油能流回油底壳内。

2. 更换机油

发动机机油必须按保养规定定期更换。

🟡 **注意！**

不同品牌机油不允许混用。

3.3 冷却液

必须采用具备冬天防冻，夏天防沸，防腐、防锈和防垢性能的清洁汽车防冻冷却液。

🟡 **在使用中应注意：**

1）要坚持常年使用冷却液，要注意冷却液使用的连续性。那种只想在冬季使用的观点是错误的，只知道冷却液的防冻功能，而忽视了冷却液的防腐、防沸、防垢等作用。

2）要根据汽车使用地区的气温，选用不同冰点的冷却液，冷却液的冰点至少要比该地区最低温度低 10℃，以免失去防冻作用。

3）要购买合格的冷却液产品，切勿贪便宜购买劣质品，以免损坏发动机，造成不必要的经济损失。

4）不同牌号的冷却液不能混装混用，以免起化学反应，破坏各自的综合防腐能力。

5）切勿加入井水、自来水等硬水；当发现冷却液中有悬浮物、沉淀物或发臭时，证明冷却液已起化学反应，已变质失去功效，应及时清洗冷却系统，并全部更换其冷却液。

6）乙二醇冷却液有毒，对肝脏有害，切勿吸入口中，皮肤接触后，应立即用水清洗干净。另外，这种冷却液中的亚硝酸盐防腐添加剂具有致癌性，废液不要乱倒，以免污染环境。

7）若购买的是乙二醇型浓缩冷却液，可以参照表 3-3，按比例添加适量的纯水，以配制出适合本地区气温的冷却液。

表 3-3　冷却液中乙二醇的添加比例与冰点的关系

乙二醇含量（%）	冰点 /℃	密度 /g·cm⁻³
28.4	−10	1.0340
32.8	−15	1.0426
38.5	−20	1.0506
45.3	−25	1.0586
47.8	−30	1.0627
50.9	−35	1.0671
54.7	−40	1.0731
57	−45	1.0746
59.9	−50	1.0780
68.1	−68	1.0866

🟡 **注意！**

1）冷却液液位突然降低时，应立即检查原因。

2）冷却系统处于带压状态！请勿在发动机热态时打开冷却液补偿罐或散热器盖，否则有烫伤危险！

3.4　柴油机主要技术参数

柴油机主要技术参数见表 3-4。

表 3-4　柴油机主要技术参数

参数名称		D16TCI	D19TCI
	形式	立式、直列、水冷、四冲程、增压中冷、顶置双凸轮轴、每缸 4 气门、电控高压共轨、EGR	
	缸体缸孔内径 /mm	80	
	行程 /mm	82	92
	气缸数	4	
	气缸套形式	无缸套	
	燃烧室形式	直喷 ω 形燃烧室	
	活塞总排量 /L	1.65	1.85
	吸气方式	增压中冷	
最低空载稳定转速 / (r/min)		900	
	压缩比	17.5:1	18.5:1
	标定功率 / 转速 /[kW（马力）/（r/min）]	72（98）/4000	82（112）/4000

（续）

参数名称		D16TCI	D19TCI
	最低燃油消耗率 g/（kW·h）	≤ 210	
	最大转矩 / 转速 / [N·m/（r/min）]	209/1800～2300	235/1800～2300
	各缸工作顺序	1—3—4—2	
	机油容量 /L	5.5	
	外形尺寸 /mm	574×606×672（不带中冷器）	
	净质量 /kg	170	
	曲轴旋转方向	逆时针方向（面向功率输出端）	
	润滑方式	压力、飞溅混合式	
	冷却方式	强制循环水冷式	
	起动方式	电起动	

3.5 柴油机各种温度、压力范围

柴油机各种温度、压力范围见表 3-5。

表 3-5 柴油机各种温度、压力范围

技术参数名称	计量单位	参数值
机油温度	K（℃）	≤ 403（130），极限工作温度
		≤ 368（95），正常工作温度
机油压力	kPa（kgf/cm²）	正常工作时压力：300～600（3～6）
		怠速时压力：≥ 80（0.8）
排气温度（涡轮机前）	K（℃）	≤ 1023（750）
冷却液（出口）温度	K（℃）	≤ 378（105），闭式加压 ≥ 0.12MPa 散热器系统
		363±5（90±5），正常工作温度

3.6　发动机螺栓、螺母拧紧力矩

发动机螺栓、螺母拧紧力矩见表 3-6。

表 3-6　发动机螺栓、螺母拧紧力矩

名　称		标　准	螺　纹	拧紧力矩 /N·m
机体	曲轴主轴承盖螺栓		M11×1.5	83±12
	活塞冷却喷嘴、链条机油喷嘴螺钉	GB/T 2671.1	M6×12	10.5±2
	下机体与机体连接螺栓	GB/T 5787	M8×105	26±2
			M8×100	
	后油封架到机体螺钉	GB/T 2671.1	M6×20	10±2
	起动机螺栓	GB/T 9074.15	M10×55	40±2
			M10×1.25×45	40±2
	链条罩盖螺栓	GB/T 5787	M6×27	10±2
	机油模块盖螺栓（出水口处）	GB/T 9074.17	M8	15~20
	机油模块座螺栓（连接至机体）	GB/T 9074.17	M8×30	25±2
			M8×55	
			M8×90	
	机油滤清器总成拧紧力矩			25±2
	发动机前支承紧固螺钉	GB/T 70.1	M10×40	40±3
	发动机支承紧固螺栓	GB/T 9074.15	M10×25	40±3
下机体、油底壳	油底壳到下机体螺栓	GB/T 9074.17	M6×25	10±2
	油底壳到链轮室罩螺栓	GB/T 5789	M6×70	10±2
	机油泵与下机体连接螺栓	GB/T 9074.17	M8×45	25±2
	油标尺与附件支架螺栓	GB/T 9074.14	M8×20	15~20
	机油吸油管总成螺栓	GB/T 9074.17	M6×16	10±2
	机油放油螺塞		M14×1.5	70~90
曲轴飞轮、活塞连杆	扭转减振传动带轮到曲轴螺栓		M18×1.5×75	400±35
	离合器到飞轮螺栓	GB/T 9074.17	M8×20	25±2
	飞轮到曲轴螺栓		M10×1×32	68±10
	连杆螺栓		M9×1	57±8
气门室罩盖	气门室罩盖螺母		M6	7±2
	喷油器支点螺母		M6	7±2
	呼吸窗盖板与气门罩盖螺栓	GB/T 9074.15	M6×16	7±2
	曲轴箱通风总成螺栓	GB/T 9074.17	M5×16	2.5~4
气缸盖	凸轮轴轴承盖螺栓	GB/T 5789	M6×30	13±2
	气缸盖螺栓		M12×1.5	112±17
	气缸盖侧翼连接螺栓	GB/T 70.1	M8×30	25±2
	喷油器压板螺栓	GB/T 9074.15	M10×60	30±2
	真空泵座到缸盖螺栓	GB/T 5789	M6×55	13±2
	真空泵螺母	GB/T 6170	M6	10±2
	预热塞		M8×1	8±2
	后吊耳到缸盖螺栓	GB/T 9074.15	M8×25	15~20
	前吊耳到缸盖螺栓	GB/T 9074.17	M8×40	15~20

（续）

名　称		标　准	螺　纹	拧紧力矩 /N·m
正时驱动	凸轮轴链轮螺栓		M12×1.5	85±5
	喷油泵链轮螺母	SPL-CO	M14×1.5	70±5
	机油泵链轮螺栓		M8×20	36±3
	链条导板螺栓、链条张紧器臂螺栓		M8×37.7	20±2
			M8×55.2	
	液压张紧器连接到缸盖螺栓	GB/T 9074.17	M6×30	12±2
	液压张紧器连接至机体螺栓		M20×1.5	60±5
	凸轮轴链条导板到缸盖螺栓	GB/T 5789	M6×65	12±2
	机油泵链条机械张紧器螺栓		M6×31	7±1
附件系统	张紧轮螺栓	GB/T 70.1	M10×55	40±2
	惰轮螺栓	GB/T 70.1	M10×55	40±2
	附件支架螺母	GB/T 6170	M10	40±2
	空调压缩机螺母	GB/T 6170	M8	15~20
	交流发电机螺栓	GB/T 5789	M10×130	40±2
		GB/T 9074.17	M10×60	40±2
	动力转向泵螺栓	GB/T 9074.17	M8×35	
	动力转向泵支架连接螺母	GB/T 9074.14	M10×40	40±2
	张紧轮支架螺栓	GB/T 70.1	M10×30	40±2
	空调压缩机支架螺栓	GB/T 5783	M10×35	40±2
		GB/T 9074.14	M10×40	
	发电机支座螺栓	GB/T 9074.14	M10×25	40±2
		GB/T 9074.15	M10×60	40±2
		GB/T 9074.14	M8×45	15~20
	发电机张紧支架螺栓	GB/T 9074.14	M8×45	15~20
燃油喷射系统	喷油泵螺钉	GB/T 70	M8×40	30±5
	高压油管夹螺栓	GB/T 5783	M6×20	10±2
	单缸管夹夹板螺栓	GB/T 9074.17	M6×30	4~5
	共轨连接到缸盖螺栓	GB/T 9074.15	M8×25	25±2
	高压油管到喷油器螺母		M12×1.5	27±2
	高压油管到共轨螺母		M14×1	20±2
	高压油管到喷油泵螺母		M12×1.5	20±2
进气系统	进气管螺母	GB/T 6170	M6	10±2
	进气接管螺栓	GB/T 9074.17	M8×25	15~20
排气增压系统	排气管螺母	SPL-1-003	M8	30±2
	排气尾管螺母	SPL-1-003	M8	30±2
	排气管防护罩螺栓	GB/T 5787	M6	10±2
	增压器螺母	SPL-1-003	M8	30±2
	增压器排气尾管螺母	SPL-1-003	M8	30±2
	增压器进油管螺栓（机体处）		M12	32~40
	增压器进油管螺栓Ⅱ（增压器处）		M10×1×25.5	20~28
	增压器回油管螺栓	GB/T 9074.15	M6×20	10±2

（续）

名　称		标　准	螺　纹	拧紧力矩 /N·m
冷却系统	水泵总成与机体连接螺母	GB/T 6170	M8	25±2
	水泵进水接管螺栓	GB/T 9074.17	M6	10±2
	暖风进水管螺栓	GB/T 5783	M6×16	10±2
	缸盖出水接管螺钉	GB/T 70.1	M6×20	10±2
废气再循环系统	EGR 连接管螺栓（缸盖处）	GB/T 9074.15	M6×20	7±2
	EGR 连接管螺栓（EGR 阀处）	GB/T 9074.17	M8×20	15~20
	EGR 阀连接到进气接管螺钉	GB/T 70.1	M8×20	15~20
发动机管理系统	凸轮轴位置传感器螺栓	GB/T 9074.17	M6×15	7±2
	转速传感器螺栓	GB/T 9074.14	M6×16	7±2
	进气压力温度传感器螺栓	GB/T 9074.14	M6×22	7±2
	水温传感器			27±5
	机油压力报警器			25~30

柴油机一般螺栓、螺母拧紧力矩见表 3-7。

表 3-7　柴油机一般螺栓、螺母拧紧力矩

螺栓强度级	螺栓公称直径 /mm														
	6	8	10	12	14	16	18	20	22	24	27	30	36	42	48
	拧紧力矩 /N·m														
4.6	4~5	10~12	20~25	35~44	54~69	88~108	118~147	167~206	225~284	294~370	441~519	529~666	882~1078	1372~1666	2058~2450
5.6	5~7	12~15	25~31	44~54	69~88	108~137	147~186	206~265	284~343	370~441	539~686	666~833	1098~1372	1705~2736	2548~2334
6.6	6~8	14~18	29~39	49~64	83~98	127~157	176~216	245~314	343~431	441~539	637~784	784~980	1323~1677	1960~2548	3087~3822
8.8	9~12	22~29	44~58	76~102	121~162	189~252	260~347	369~492	502~669	638~850	933~1244	1267~1689	2214~2952	3540~4721	5311~7081
10.9	13~14	29~35	64~76	108~127	176~206	274~323	372~441	529~637	725~862	921~1098	1372~1617	1666~1960	2744~3283	4263~5096	6468~7742
12.9	15~20	37~50	74~88	128~171	204~273	319~425	489~565	622~830	847~1129	1096~1435	1574~2099	2138~2850	3736~4981	5974~7966	8962~11949

3.7　主要零件尺寸与配合间隙

柴油机主要零件尺寸与配合间隙见表 3-8。

表 3-8　柴油机主要零件尺寸与配合间隙

序号	简图 / 内容		配合 /mm	磨损极限 /mm
1. 缸体缸孔—活塞裙部		缸体缸孔内径	$\phi 80^{+0.01}_{0}$	
	$x=22(D19)$　$x=12(D16)$	活塞裙部外径	$\phi 79.939 \pm 0.007$	
		配缸间隙	间隙配合 +0.054 ~ +0.078	0.15
2. 活塞销孔—活塞销		活塞销孔直径	$\phi 30.006 \pm 0.003$	
		活塞销外径	$\phi 30^{0}_{-0.005}$	
		配合间隙	间隙配合 +0.003 ~ +0.014	0.03
3. 活塞销外径—连杆小头衬套孔		活塞销外径	$\phi 30^{0}_{-0.005}$	
		连杆小头衬套孔	$\phi 30^{+0.033}_{+0.02}$	
		配合间隙	间隙配合 +0.038 ~ +0.02	0.08

（续）

序号	简图 / 内容		配合 /mm	磨损极限 /mm
4. 连杆小头孔—连杆小头衬套外径		连杆小头孔	$\phi33\pm0.012$	
		连杆小头衬套外径	$\phi33^{+0.075}_{+0.045}$	
		配合间隙	过盈配合 $-0.033\sim-0.087$	
5. 连杆大头宽—曲轴连杆轴颈开挡		连杆大头宽	$25^{-0.30}_{-0.43}$	
		曲轴连杆轴颈开挡	$25^{+0.2}_{+0.05}$	
		连杆大头轴向间隙	$+0.63\sim+0.35$	1.0
6. 活塞环槽高—活塞环高		第一道活塞环槽高	2.12 ± 0.01	

（续）

序号	简图 / 内容		配合 /mm	磨损极限 /mm
6. 活塞环槽高—活塞环高		第一道活塞环高	$2^{-0.005}_{-0.03}$	
		第一道环槽—第一道环高配合间隙	间隙配合 +0.115 ~ +0.16	0.20
		第二道活塞环槽高	2.07 ± 0.01	
		第二道活塞环高	$2^{-0.01}_{-0.03}$	
		第二道环槽—第二道环槽配合间隙	间隙配合 +0.07 ~ +0.11	0.20
		活塞环油环槽高	3.03 ± 0.01	
		活塞环油环高	$3^{-0.01}_{-0.03}$	
		油环槽高—油环高配合间隙	间隙配合 +0.03 ~ +0.07	0.20
7. 活塞环开口间隙	在 $\phi 80.00$ 环规中	第一道气环	0.20 ~ 0.40	0.80
		第二道气环	0.50 ~ 0.70	1.0
		第三道油环	0.25 ~ 0.50	1.0

（续）

序号	简图 / 内容		配合 /mm	磨损极限 /mm
8. 曲轴主轴颈—曲轴主轴瓦孔		曲轴主轴颈	$\phi 60_{-0.019}^{0}$	
		曲轴主轴瓦孔	$\phi 60_{+0.03}^{+0.069}$	
		配合间隙	间隙配合 +0.03 ～ +0.088	0.15
9. 曲轴连杆轴颈—连杆轴瓦孔		曲轴连杆轴颈	$\phi 50_{-0.016}^{0}$	
		连杆轴瓦孔	$\phi 50_{+0.024}^{+0.063}$	
		配合间隙	间隙配合 +0.079 ～ +0.024	0.15
10. 曲轴止推轴颈开挡—主轴承止推挡宽		曲轴止推轴颈开挡	$24_{0}^{+0.05}$	
		主轴承止推挡宽	$24_{-0.163}^{-0.09}$	
		曲轴轴向间隙	+0.213 ～ +0.09	0.30

（续）

序号	简图 / 内容		配合 /mm	磨损极限 /mm
11. 气门导管外径—气缸盖导管孔		气门导管外径	$\phi 11^{+0.051}_{+0.04}$	
		气缸盖导管孔	$\phi 11^{+0.011}_{0}$	
		配合间隙	过盈配合 $-0.029 \sim -0.051$	
12. 气门导管内径—气门杆直径		气门导管孔内径	$\phi 6^{+0.012}_{0}$	
		气门杆直径	$\phi 6^{-0.025}_{-0.04}$	
		配合间隙	间隙配合 $+0.052 \sim +0.025$	0.10
13. 排气门座外径—排气门座孔		排气门座外径	$\phi 25^{+0.115}_{+0.1}$	
		排气门座孔	$\phi 25^{+0.013}_{0}$	
		配合间隙	过盈配合 $-0.087 \sim -0.115$	

（续）

序号	简图 / 内容		配合 /mm	磨损极限 /mm
14. 进气门座外径—进气门座孔		进气门座外径	$\phi 28^{+0.115}_{+0.1}$	
		进气门座孔	$\phi 28^{+0.013}_{0}$	
		配合间隙	过盈配合 $-0.087 \sim -0.115$	
15. 凸轮轴轴径—凸轮轴孔		凸轮轴轴径	$\phi 24^{-0.04}_{-0.053}$	
		凸轮轴孔	$\phi 24^{+0.021}_{0}$	
		配合间隙	间隙配合 $+0.074 \sim +0.04$	0.15
16. 凸轮轴轴颈开挡—凸轮轴轴承止推挡宽		凸轮轴轴颈开挡	$23^{+0.052}_{0}$	
		凸轮轴轴承止推挡宽	$23^{-0.07}_{-0.15}$	
		凸轮轴轴向间隙	$+0.202 \sim +0.07$	0.3
17. 液压挺柱孔—液压挺柱外径		液压挺柱孔	$\phi 12^{+0.024}_{+0.006}$	
		液压挺柱外径	$\phi 12^{0}_{-0.011}$	
		配合间隙	间隙配合 $+0.035 \sim +0.006$	0.07

（续）

序号	简图 / 内容		配合 /mm	磨损极限 /mm
18. 飞轮外径—飞轮齿圈内径		飞轮外径	$\phi 264^{+0.466}_{+0.385}$	
		飞轮齿圈孔内径	$\phi 264^{+0.052}_{0}$	
		配合间隙	过盈配合 $-0.333 \sim -0.466$	

3.8 柴油机主要配附件规格参数

柴油机主要配附件规格见表 3-9。

表 3-9　柴油机主要配附件规格

润滑系统	机油泵形式	齿轮式
	机油泵流量	49L/min（在 3300r/min、0.4MPa 时）
	机油泵限压阀开启压力	0.45MPa
	机油滤清器形式	滤芯式
冷却系统	水泵形式	离心式
	水泵流量、压力	流量 120L/min，压力 1.5bar（在 5800r/min 时）
	节温器形式	蜡式调温器
	节温器温度	初开：78℃，全开：92℃
	风扇形式	独立电动风扇
电气系统	预热塞形式	陶瓷式
	预热塞电压	12V
	起动机规格	12V，1.7kW
	发电机规格	14V，90A 或 14V，120A
	蓄电池电压	12V
进气系统	增压器	旁通阀式废气涡轮增压器，增压器最高转速 ≤ 220000r/min，增压比 ≤ 2.2
	中冷器	空空中冷
真空泵	容积	190mL
	真空度	50kPa 需要时间 ≤ 5s，80kPa 需要时间 ≤ 15s

（续）

EGR	EGR 阀形式	真空控制式	
	EGR 阀位移传感器电压	5V	
	EGR 真空控制器形式	电磁阀	
	EGR 真空控制器电压	12V	
电控共轨燃油系统	燃油滤清器形式	旋装式，带油水分离器、手动输油泵、柴油加热器	
	高压油泵	BOSCH CP1H，径向三柱塞泵，带齿轮式输油泵，电磁阀控制	
	喷油器	BOSCH CRI2.0，电磁阀控制	
	高压共轨	激光焊接式，最大轨压 145MPa	
	电控单元（ECU）	BOSCH EDC16，工作电压 12V	
	曲轴转速传感器	DG6，工作间隙 0.5 ~ 1.5	
	凸轮轴位置传感器	PG3.8，工作间隙 0.2 ~ 1.8	
	空气流量计	HFM6，工作电压 7.5 ~ 17.0V，流量测量范围 40 ~ 640kg/h	
	水温传感器	NTC 型，电压 5V	
	轨压传感器	电阻式，输出 0.5 ~ 4.5V 电压	
	加速踏板位置传感器	FPM，电压 5V	

第 4 章
D19TCI 电控高压共轨
柴油机与整车安装连接

本章介绍发动机与整车的安装连接，此为基本连接方式，各车型安装连接略有差异。

4.1 冷却系统连接

柴油机冷却系统与整车连接如图 4-1 和图 4-2 所示。

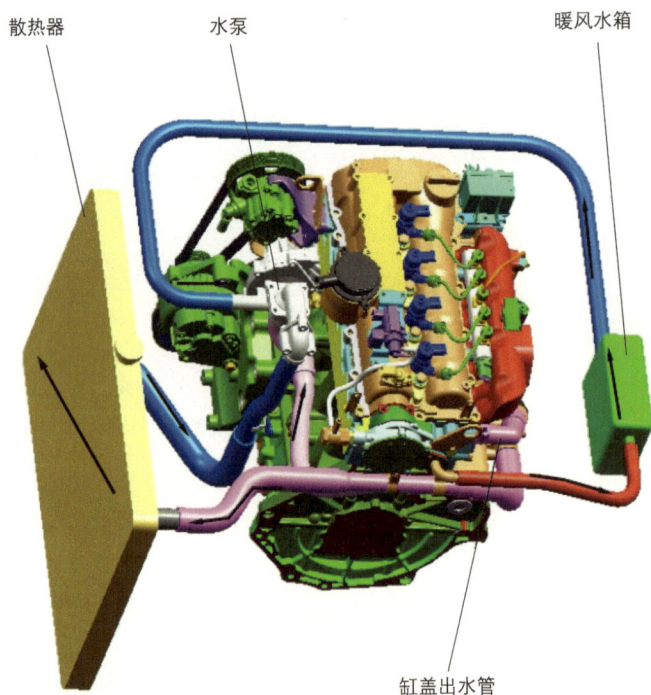

散热器　　水泵　　暖风水箱

缸盖出水管

图 4-1　冷却系统连接 1

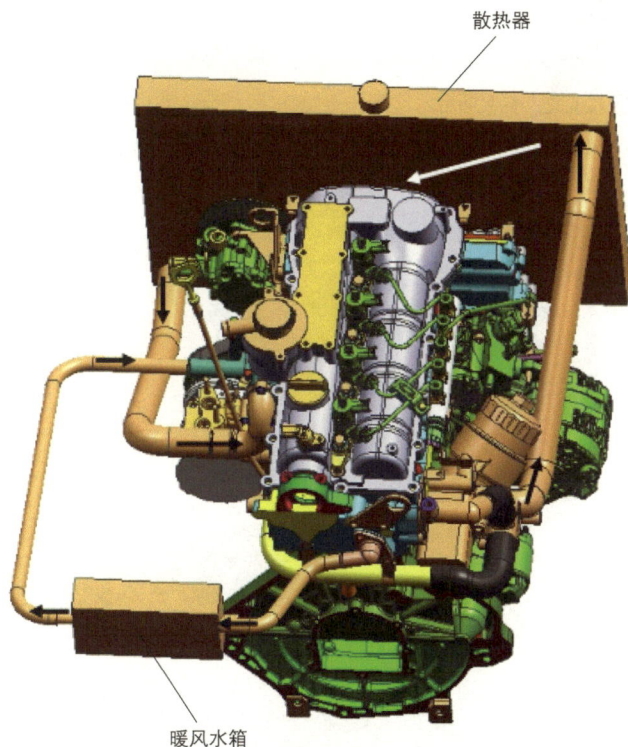

散热器

暖风水箱

图 4-2　冷却系统连接 2

4.2　进气系统及曲轴箱通风系统连接

柴油机进气系统及曲轴箱通风系统连接如图 4-3 所示。

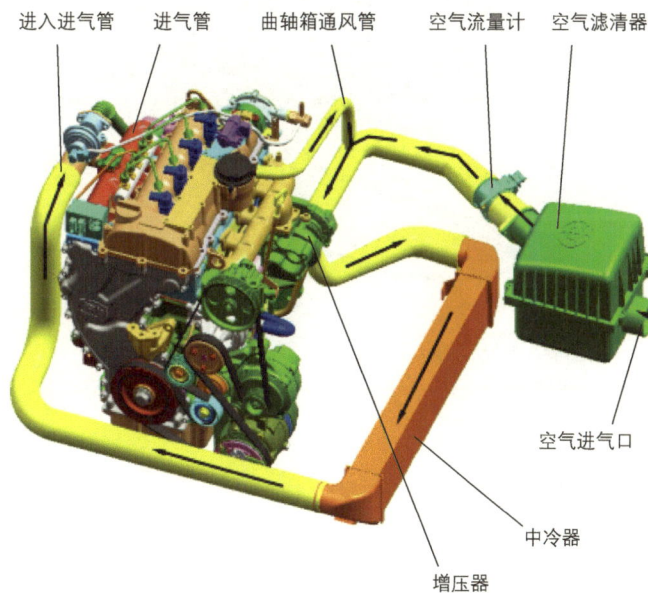

进入进气管　进气管　曲轴箱通风管　空气流量计　空气滤清器

空气进气口

中冷器

增压器

图 4-3　进气系统及曲轴箱通风系统连接

4.3 排气系统连接

柴油机排气系统连接如图 4-4 所示。

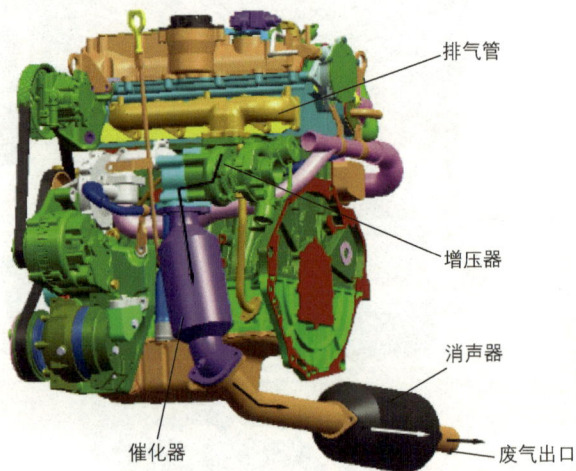

排气管
增压器
消声器
废气出口
催化器

图 4-4 排气系统连接

4.4 燃油系统连接

柴油机燃油系统连接如图 4-5 所示。

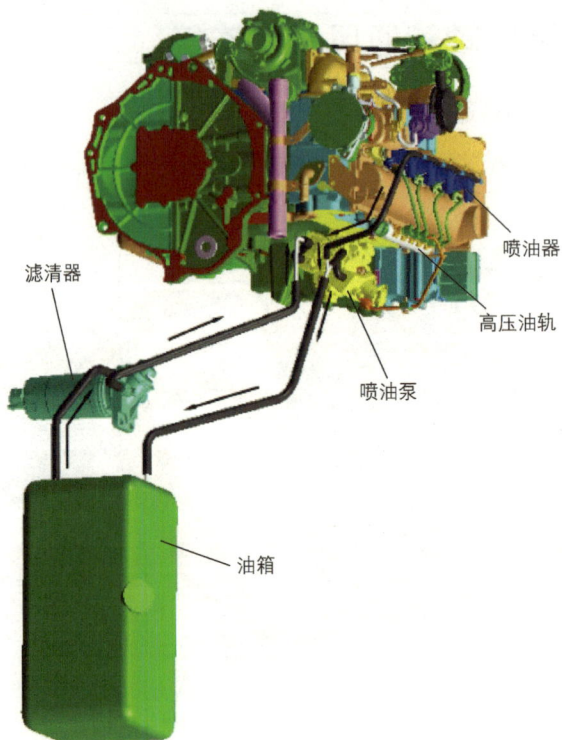

滤清器
喷油器
高压油轨
喷油泵
油箱

图 4-5 燃油系统连接

4.5　真空管路连接

柴油机真空管路连接如图 4-6 所示。

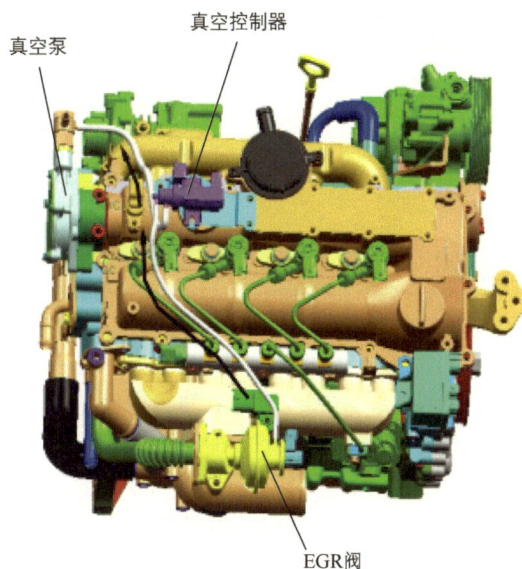

图 4-6　真空管路连接

4.6　空调及转向系统连接

柴油机空调及转向系统连接如图 4-7 所示。

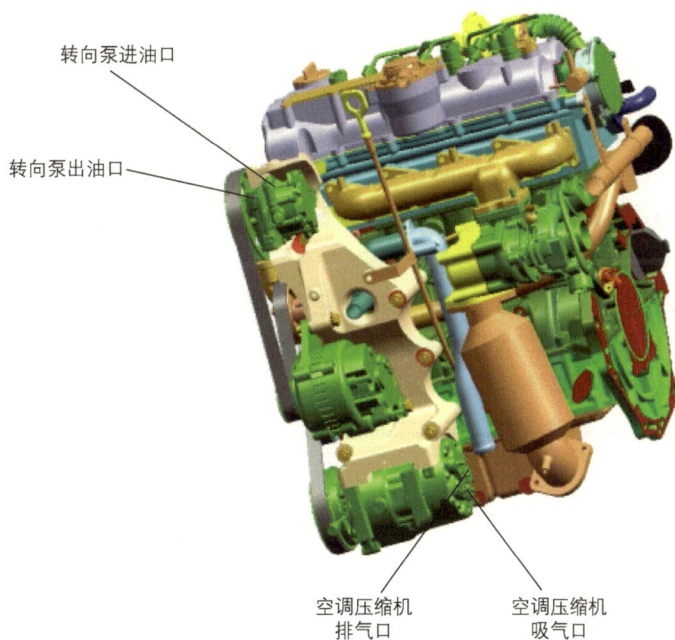

图 4-7　空调及转向系统连接

第 5 章
D19TCI 电控高压
共轨柴油机拆卸

5.1 发动机总成拆卸

⚠️ **注意!**

1）在对发动机进行大修前，必须首先断开蓄电池负极电缆，否则会损坏线束及其他电气元件。

2）如果没有特别说明，将点火开关拧到锁定（LOCK）位置。

3）每次拆卸空气滤清器，必须堵塞进气口，以防异物进入，否则起动时异物会进入气缸导致严重损坏。

具体步骤如下：

1）将点火开关拧到锁定（LOCK）位置，断开蓄电池负极电缆。

2）打开油底壳上的放油螺栓，放净机油并加以收集。

3）放净冷却液。

4）拆开发动机进出水胶管。

5）拆开发动机 ECU 连接电缆及发动机与整车电控线束。

6）拆开发电机、起动机、油压及冷却液温度传感器的电源连接线。

7）拆下进气接管与空气滤清器连接软管。

8）松开中冷器连接管路。

9）关闭燃油管路，拔下燃油管和回油管。

10）断开散热器风扇电源连接，必要时松开散热器支架，并将散热器整体取出。

11）松开离合器连接管路。

12）拆开真空助力、空调、动力转向泵相应连接管路。

13）断开排气歧管与排气消声管路的连接。

14）松开变速器与整车连接机构。

15）松开发动机及变速器悬置支架的固定螺栓。

16）用举升机平稳放下发动机。

17）松开发动机与变速器连接螺栓，将变速器从发动机上分离脱开。

5.2 发动机拆卸图解

发动机拆卸步骤图解见表 5-1。

表 5-1　发动机拆卸步骤图解

1. 拆卸飞轮离合器总成

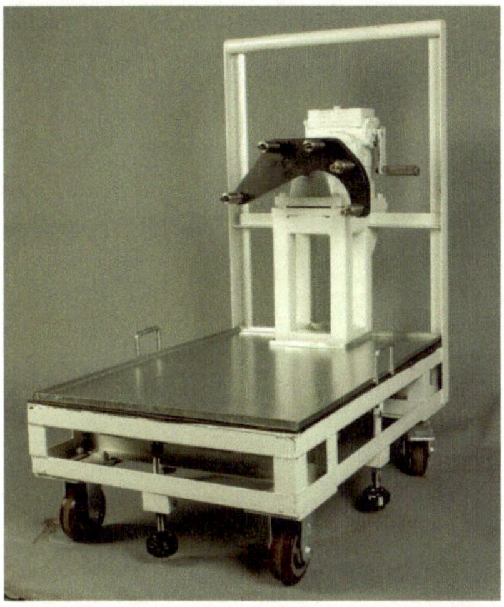		说明： 　拆卸飞轮离合器总成后，可将发动机置于拆卸小车上，便于后续拆装 　如果没有拆卸小车，可以在后面再拆卸飞轮离合器总成
	←→	1）插入离合器花键芯轴，松开离合器连接螺栓
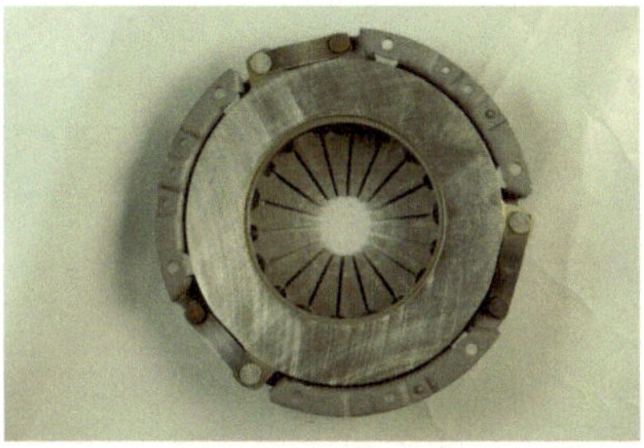	←→	2）拆卸离合器压盘 ⚠ 注意：拆卸前，飞轮、压盘应注意做好记号，装配时按记号安装，以免破坏动平衡
	←→	3）拆卸离合器摩擦片

（续）

4）松开飞轮连接螺栓

5）拆卸飞轮总成

2. 拆卸喷油系统

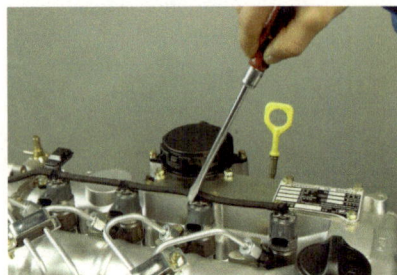

1）拆下回油管卡片，从喷油器头部拔下回油管。随后将卡片装回喷油器

⚠ 注意：喷油系统拆装应在严格保证清洁的状态下进行，并注意防护各接插口

2）松开高压油管两端连接螺母

⚠ 注意：应用两把扳手紧固喷油器接头，防止喷油器接头松动

（续）

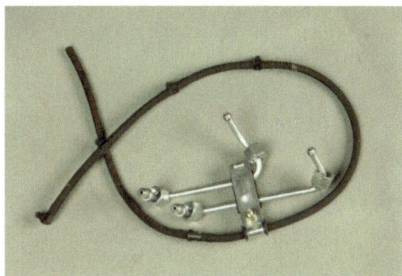

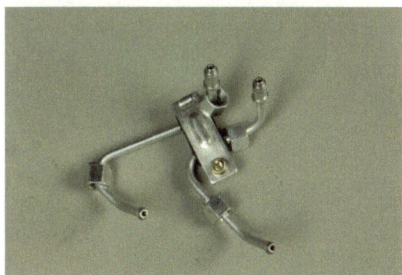

	3）拆下高压油管及回油管
	4）拆下高压油管夹 5）拆下高压油泵到共轨处高压油管 ⚠ 注意：在拆卸高压油泵接头时，应用另一把扳手拧紧高压油泵接头，防止高压油泵接头松动
	6）拆下喷油器压板螺栓

（续）

	◄►	7）拆下喷油器 ⚠ 注意：喷油器与缸序是一一对应关系，装配时按顺序装配。建议做标识记号或按顺序摆放，不可打乱

3. 拆卸缸盖罩部件

	◄►	1）拆下缸盖罩连接螺栓螺母
	◄►	2）拆下缸盖罩
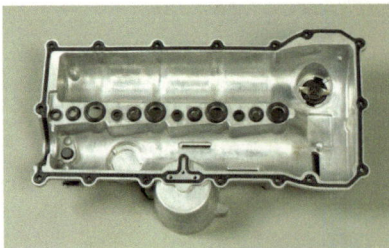		⚠ 注意：缸盖罩上安装有密封胶圈，不可丢失

（续）

4. 拆卸附件系统

←→ 1）松开发电机支架螺栓

←→ 2）松开发电机张紧螺栓

（续）

3）拆卸发电机连接螺栓

4）用手力朝内推动发电机，松开发电机传动带

5）拆下发电机传动带

（续）

	⬅➡	6）用扳手转动张紧轮，从水泵传动带轮处松开传动带
	⬅➡	7）拆下附件传动带
	⬅➡	8）拆卸发电机张紧支架连接螺栓
		9）拆下发电机

（续）

	◀▶	10）拆卸发电机支座连接螺栓
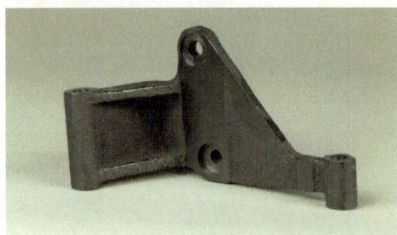	◀▶	11）拆下发电机支座
	◀▶	12）拆卸动力转向泵连接螺栓

（续）

		13）拆下动力转向泵
		14）拆卸动力转向泵支架连接螺栓
		15）拆卸前吊耳连接螺栓
		16）拆卸前吊耳

（续）

	←→	17）拆卸动力转向泵支座
	←→	18）拆卸空调压缩机连接螺栓
	←→	19）拆卸空调压缩机
	←→	20）拆卸空调压缩机支架安装螺栓

（续）

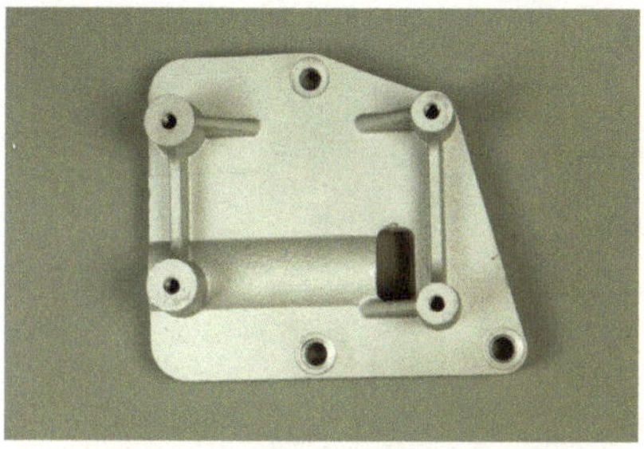

21）拆卸空调压缩机安装支架

22）拆卸传动带张紧轮连接螺栓

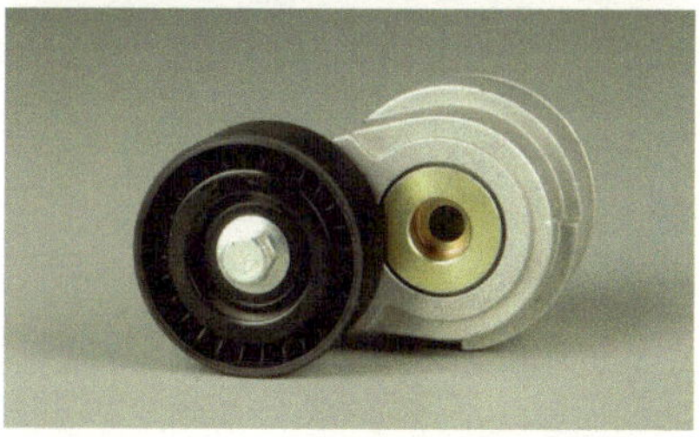

23）拆卸传动带张紧轮

24）拆卸惰轮连接螺栓

（续）

	↔	25）拆卸惰轮
	↔	26）拆卸传动带张紧轮支架连接螺栓
		27）拆卸传动带张紧轮支架

5. 拆卸油标尺部件

	↔	1）松开油尺管夹连接螺栓
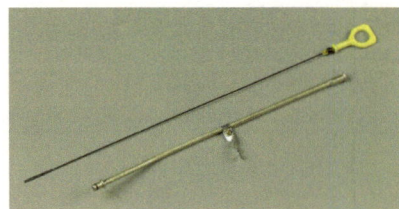	↔	2）拆卸油标尺部件

（续）

6. 拆卸排气系统

1）松开排气防护罩连接螺栓

2）拆卸排气防护罩

3）松开增压器进油螺栓

4）松开机体上增压器进油螺栓

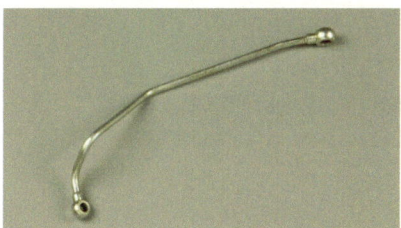

5）拆下增压器进油管

⚠ 注意：将增压器进油螺栓装回到增压器上，防止异物进入

（续）

	◄►	6）松开增压器回油螺栓
	◄►	7）松开下机体上增压器回油螺栓
	◄►	8）拆下增压器回油管
	◄►	9）松开增压器连接螺栓

（续）

	⬅➡	10）拆卸增压器
	⬅➡	11）松开排气管连接螺栓
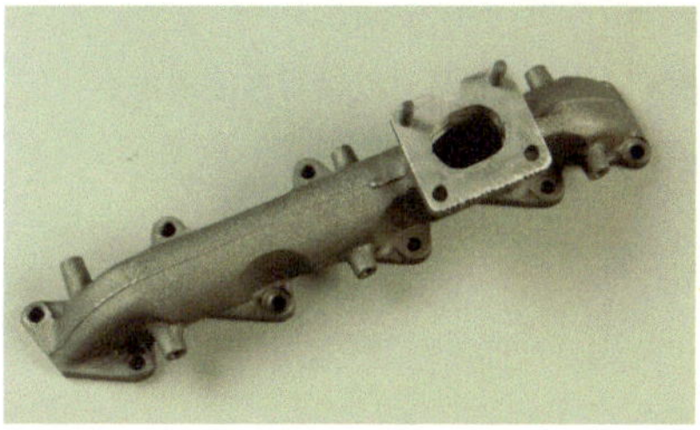	⬅➡	12）拆卸排气管
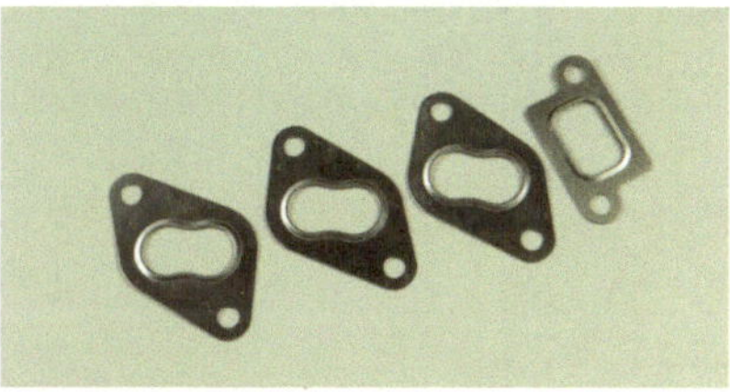	⬅➡	13）拆卸排气管垫片

7. 拆卸 EGR 系统

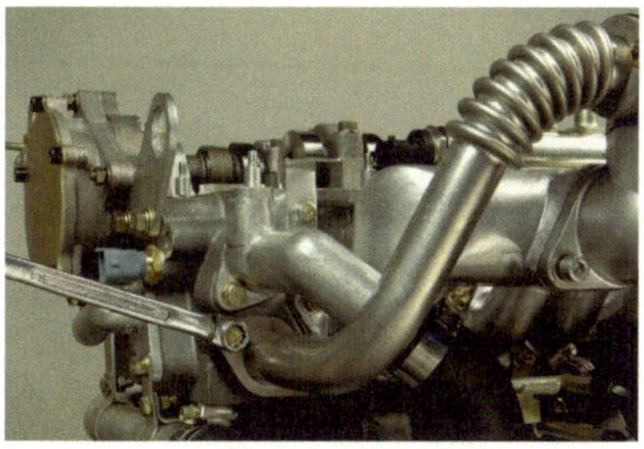	⬅➡	1）松开缸盖上 EGR 连接管螺栓

（续）

	⬅➡	2）松开 EGR 阀连接螺栓
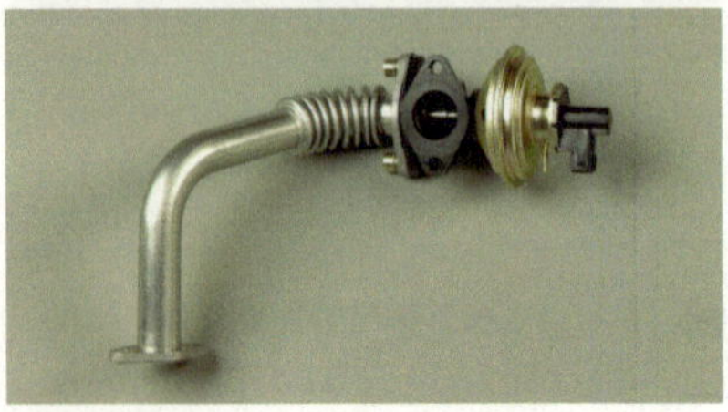	⬅➡	3）拆下 EGR

8.拆卸进气管部件

	⬅➡	1）松开进气接管连接螺栓
	⬅➡	2）拆下进气接管
	⬅➡	3）松开进气管连接螺母
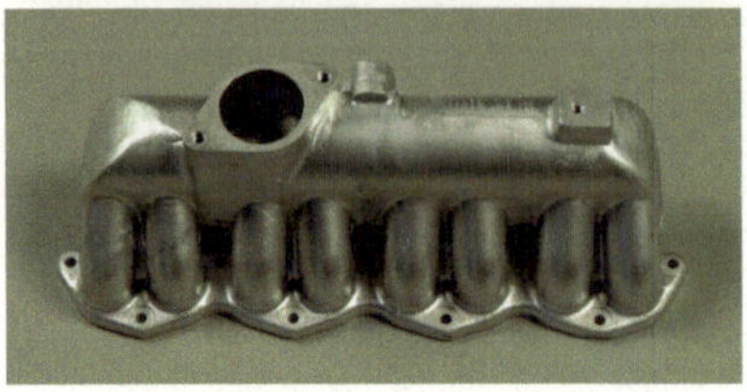	⬅➡	4）拆下进气管

（续）

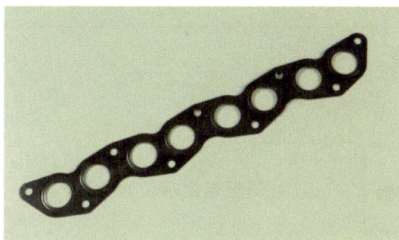	←→	5）拆下进气管垫片

9. 拆卸高压共轨总成

	←→	1）松开高压共轨总成连接螺栓
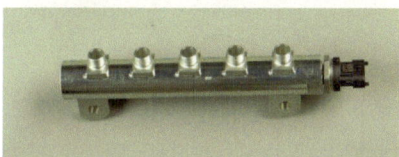	←→	2）拆下高压共轨总成

10. 拆卸喷油泵进回油三通管组件

	←→	1）松开喷油泵进回油管卡箍
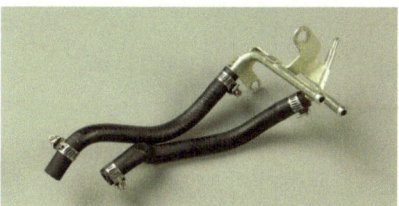	←→	2）松开喷油泵进回油三通管组件连接螺栓 3）拆下喷油泵进回油三通管组件

（续）

11. 拆卸冷却系统

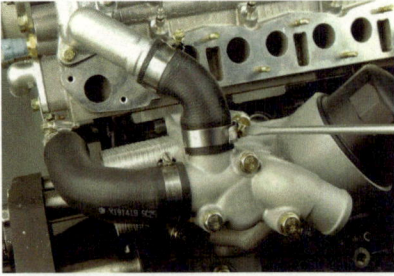	←→	1）松开缸盖出水胶管卡箍
	←→	2）松开缸盖出水接管连接螺栓
	←→	3）拆下缸盖出水接管
	←→	4）松开水管夹片连接螺栓

（续）

	⬅➡	5）松开各胶管卡箍
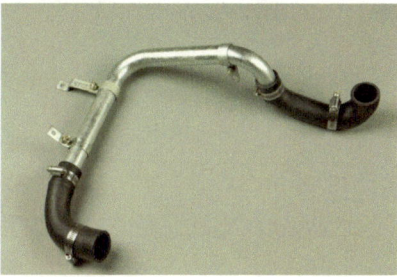	⬅➡	6）拆下水管部件

12. 拆卸真空泵部件

	⬅➡	1）松开真空泵部件连接螺栓
	⬅➡	2）拆卸真空泵部件

（续）

13. 拆卸油底壳		
	⬅➡	1）松开油底壳连接螺栓
	⬅➡	2）拆卸油底壳

14. 拆卸曲轴传动带轮		
	Ⓜ	1）在后端安装固定曲轴转动工具，锁住曲轴，使其不能转动

（续）

	← →	2）松开曲轴传动带轮螺栓
	← →	3）拆下曲轴传动带轮螺栓、压板
	Ⓜ	4）用拉机拉出曲轴传动带轮

（续）

15. 拆卸链轮室罩盖

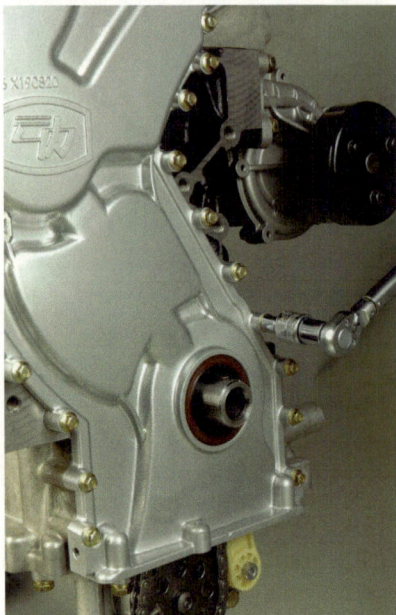

1）松开链轮室罩盖连接螺栓

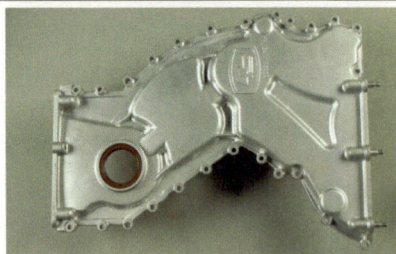

2）拆下链轮室罩盖

16. 拆卸正时系统

1）松开喷油泵链轮压紧螺栓

（续）

	◄► 2）松开各链条导板压紧螺栓
	◄► 3）松开机体上链条张紧臂压紧螺栓

（续）

4）松开缸盖上链条张紧臂压紧螺栓

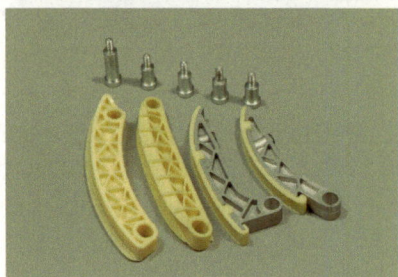

5）拆下各链条导板、链条张紧臂

⚠ 注意：在拆卸缸盖上链条张紧臂前，将拉环放回缸盖上液压张紧器内

（续）

	↤↦	6）松开缸盖上链条导板
		7）拆下链条导板
	↤↦	8）松开机油泵链轮压紧螺栓
	↤↦	9）松开张紧器压紧螺栓
	↤↦	10）拆下张紧器

（续）

11）拔出机械张紧器锁片

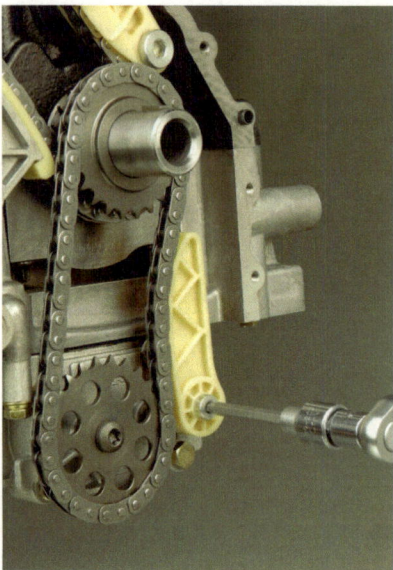

12）松开机械张紧器连接螺栓

13）拆下机械张紧器

（续）

14）将机油泵链轮及链条脱出

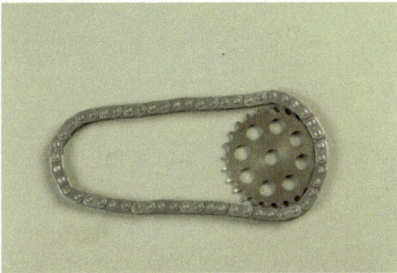

15）将机油泵链轮及链条整齐放好

16）旋转凸轮轴，使进气凸轮轴、排气凸轮轴上"TOP"面朝上

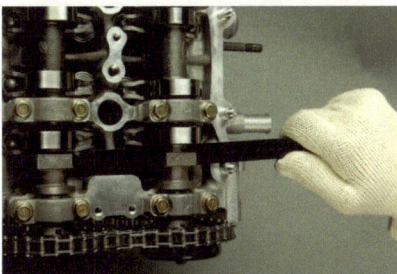

17）插入凸轮轴正时卡具 A

（续）

		18）插入凸轮轴正时卡具 B
		19）卡住凸轮轴后，松开凸轮轴链轮压紧螺栓
		20）将凸轮轴链轮及链条脱出
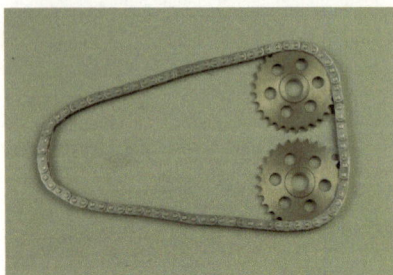		21）将凸轮轴链轮及链条整齐放好
		22）松开喷油泵连接螺栓

（续）

	← →	23）用铜棒轻敲喷油泵轴前端 ⚠ 注意：在泵轴前端旋入螺母 2～3 牙，保护泵轴不受损坏
	← →	24）小心将喷油泵链轮、链条脱出
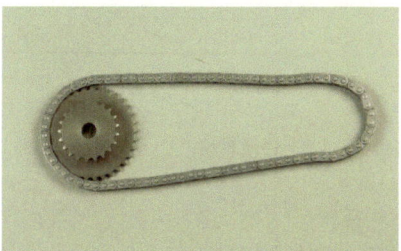		25）将喷油泵链轮、链条整齐放好
	← →	26）拆下喷油泵

（续）

	◄►	27）取出曲轴前端半圆键
		28）取下曲轴链轮
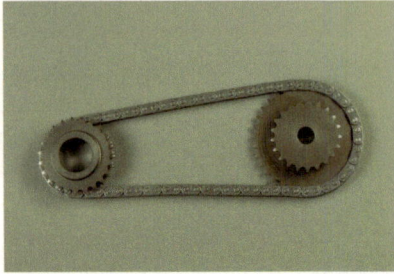		29）将喷油泵链轮、曲轴链轮、链条整齐放好

17. 拆卸凸轮轴

	◄►	1）松开凸轮轴轴承盖螺栓
	◄►	2）轻微晃动，拆下凸轮轴轴承盖
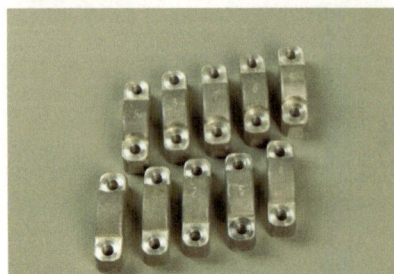	◄►	3）轴承盖按顺序摆放整齐

（续）

4）取下凸轮轴

5）凸轮轴整齐放好

6）目视检查凸轮表面和轴颈表面。应无磨伤、剥落迹象；若有，应更换凸轮轴

7）测量凸轮轴

① 测量凸轮轴轴颈直径：凸轮轴轴径 $\phi 24^{-0.04}_{-0.053}$ mm，磨损量不得超过 0.05mm

② 测量凸轮升程：凸轮升程的检验：用千分尺在凸轮的桃尖方向测量凸轮高度，在凸轮的基圆方向测量凸轮基圆直径，两者之差值便是凸轮升程

③ 排气凸轮最大升程：3.69mm，不得小于 3.49mm（磨损极限）

④ 进气凸轮最大升程：3.71mm，不得小于 3.51mm（磨损极限）

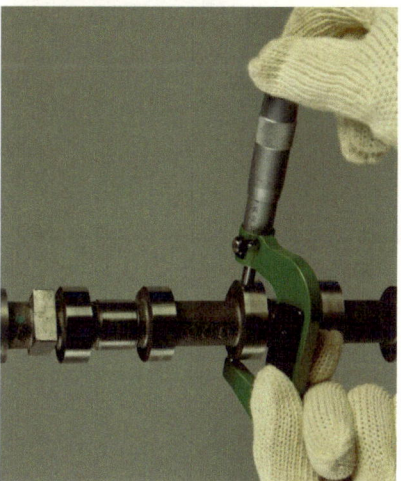

8）测量凸轮轴孔

凸轮轴孔直径 $\phi 24^{+0.021}_{0}$ mm

⚠ 注意：测量凸轮轴孔时，应将轴承盖装在轴承座上，并用规定的力矩紧固螺栓。用内径千分表测量孔径

9）计算凸轮轴孔与凸轮轴轴颈的间隙，为间隙配合 +0.074 ~ +0.04mm，磨损极限 0.15mm

（续）

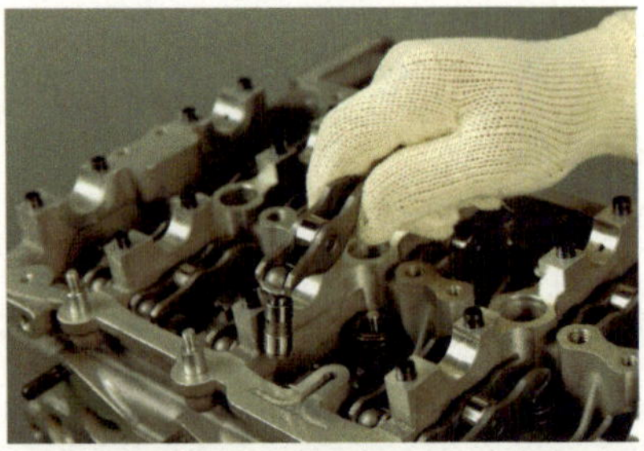		10）取下液压挺柱及滚子摇臂
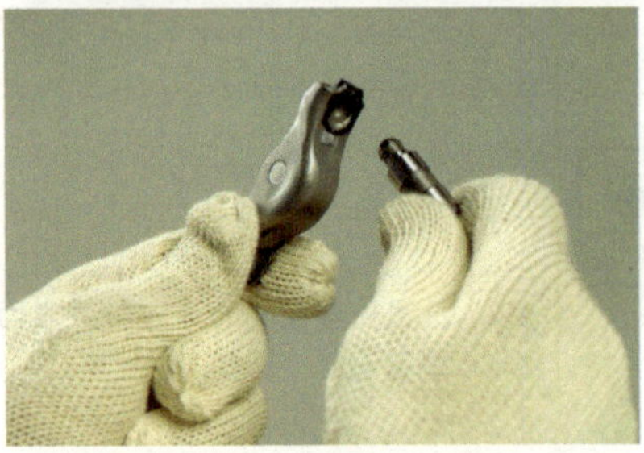		11）稍微用力将液压挺柱取下
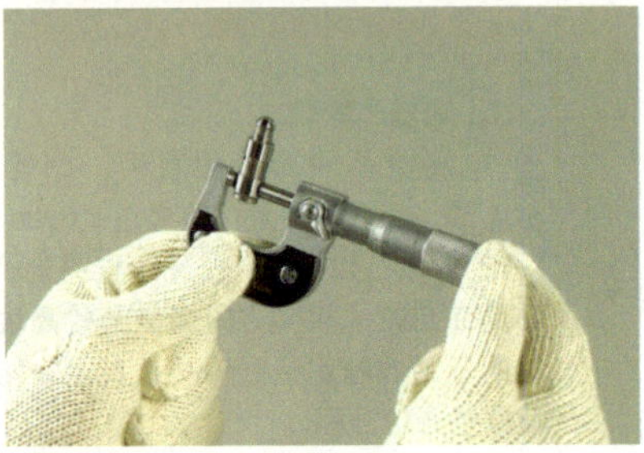		12）检测液压挺柱 测量挺柱直径： ① 液压挺柱外径 $\phi 12^{0}_{-0.011}$ mm ② 如果发现圆度超差大于 0.1mm，则更换挺柱

18. 拆卸缸盖

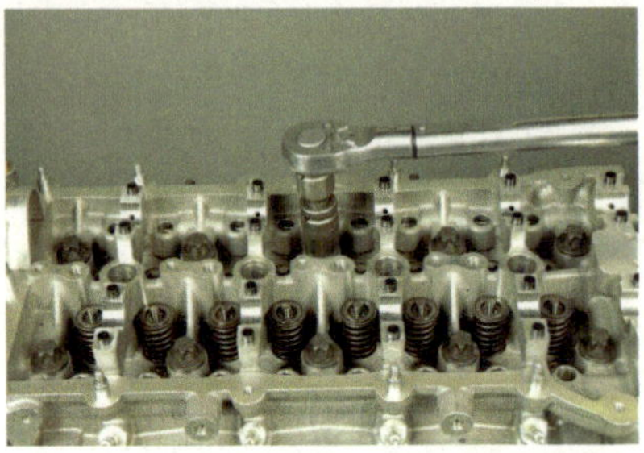		1）由两头到中间，松开气缸盖螺栓
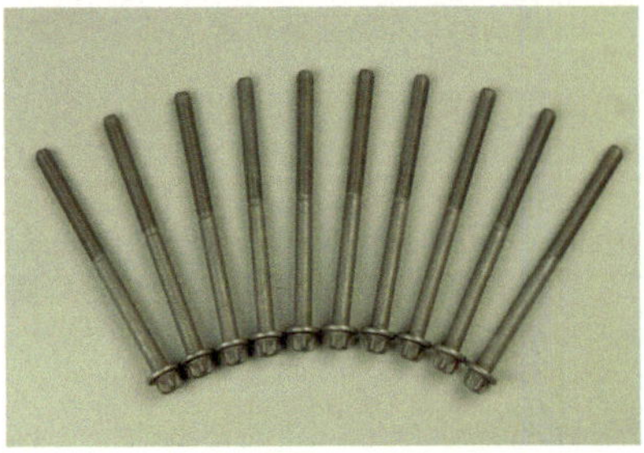		2）气缸盖螺栓整齐放好

Chapter
05

（续）

3）松开侧翼连接螺栓

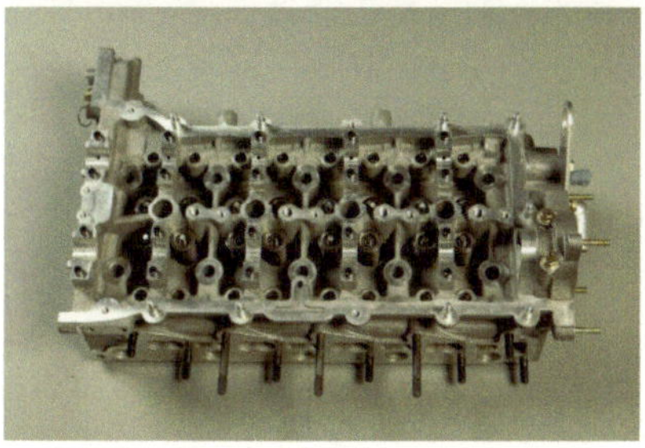

4）抬下气缸盖

⚠ 注意：如果预热塞不需拆卸，应适当防护预热塞，防止碰伤

5）气缸盖的清洗和检验

① 清除燃烧室和气门上的积炭，为保护气门座起见，先不拆气门，同时应避免刮伤缸盖的装配面。清除积炭后，拆去气门并清洗气门导管孔。用机械方法清除积炭后，还要用碱水（汽油或纯酒精）清洗气缸盖的凹部和油污，并吹干

② 检查气缸盖装配面有无损伤。轻微的伤痕可用极细的砂条磨平

③ 检测气缸盖底平面的平面度：可用直尺放在平面上，然后用塞尺测量直尺与平面的间隙。平面度误差不大于 0.10mm

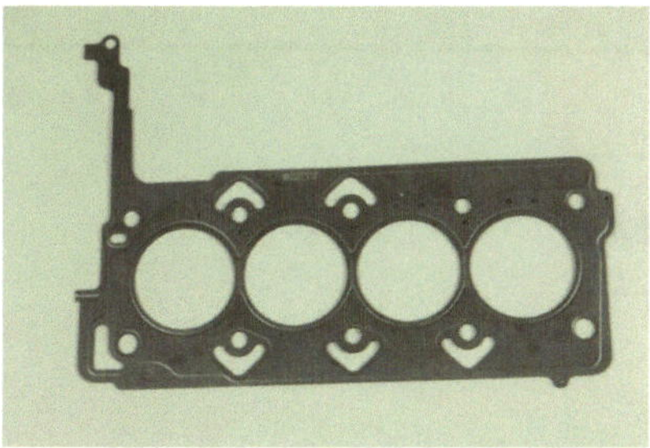

6）取下气缸盖垫片

（续）

	◀▶	7）松开预热塞
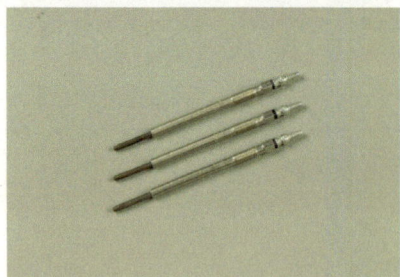	◀▶	8）拆下预热塞

19. 拆卸机油模块

	◀▶	1）松开机油模块连接螺栓
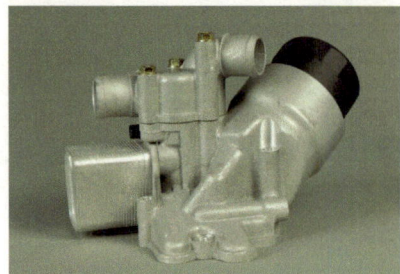	◀▶	2）拆下机油模块

（续）

20. 拆卸水泵

|  | | 1）松开水泵连接螺栓 |
|  | | 2）拆卸水泵 |

21. 拆卸机油泵

|  | | 1）松开机油泵连接螺栓 |
| 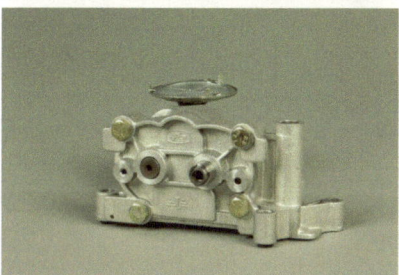 | | 2）拆下机油泵 |

22. 拆卸后油封架

|  | | 1）松开后油封架连接螺栓 |

（续）

|  | | 2）拆下后油封架 |

23. 拆卸下机体

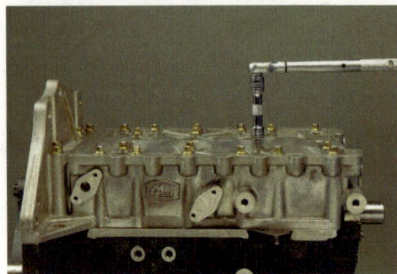		1）松开下机体连接螺栓
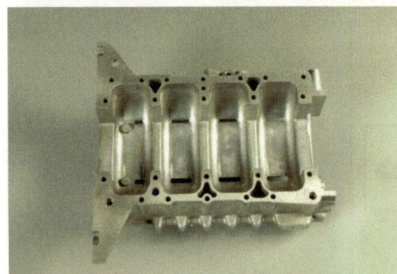		2）拆下下机体
		3）取下机体上的O形圈

24. 拆卸活塞连杆总成

| 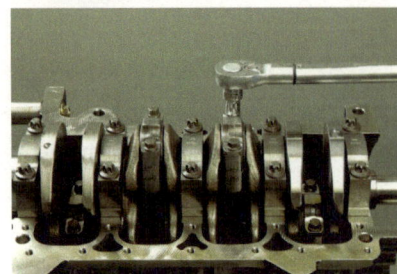 | | 1）松开连杆螺栓 |

（续）

	←→	2）取下连杆盖
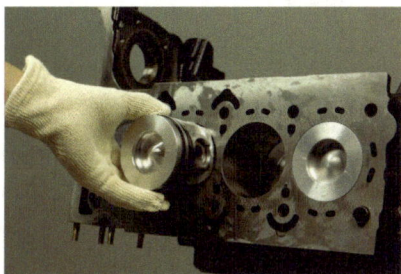	←→	3）将活塞连杆推出
	←→	4）将活塞连杆总成按顺序整齐放好 ⚠ 注意：装配时同一缸活塞连杆总成应装回到原缸孔中。此时建议做记号或按顺序整齐放好，以免打乱
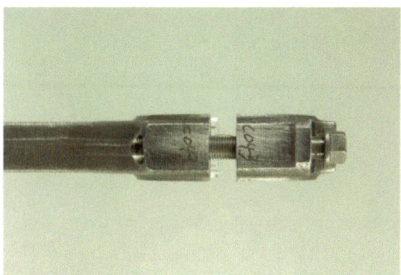		⚠ 注意：连杆体、连杆盖上有记号，不能打乱

（续）

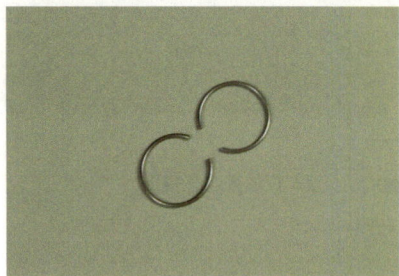

5）用起子撬出活塞销锁圈（通常撬出一个锁圈即可）

⚠️ 注意：用起子撬出时，应用手按住活塞销锁圈，防止弹出伤人

6）用专用工具或手工取出活塞环

（续）

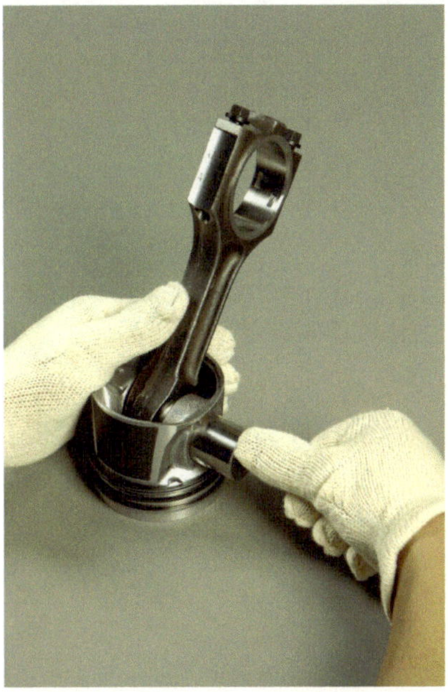

7）取出活塞销

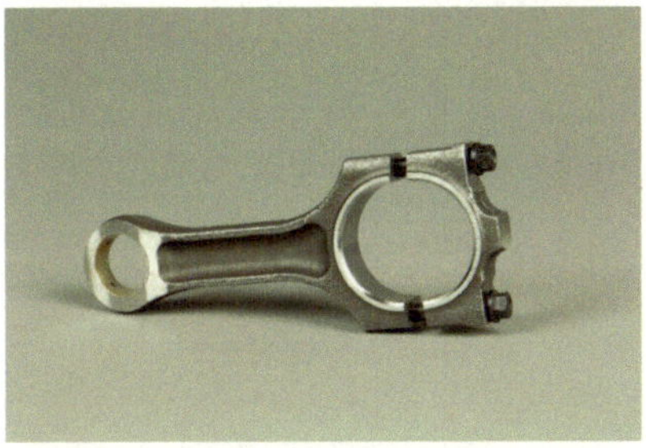

8）取出连杆

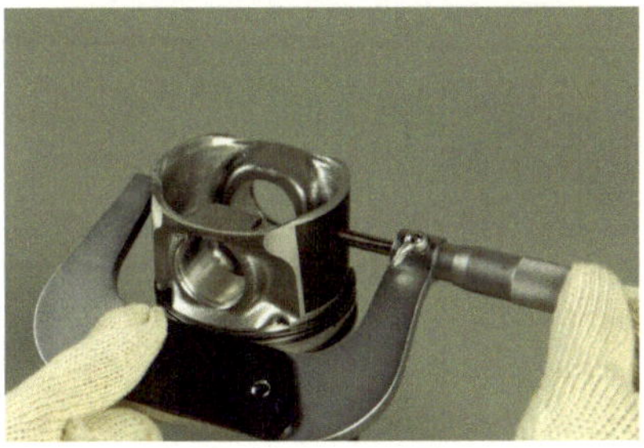

9）测量活塞直径
① 活塞裙部外径 $\phi 79.939 \pm 0.007$mm
② 对 D19TCI 柴油机，在距活塞底部 22mm 处测量
③ 对 D16TCI 柴油机，在距活塞底部 16mm 处测量
④ 磨损量不得超过 0.05mm

（续）

10）测量活塞环高度
① 第一道活塞环高 $2^{-0.005}_{-0.03}$ mm
② 第二道活塞环高 $2^{-0.01}_{-0.03}$ mm
③ 油环高 $3^{-0.01}_{-0.03}$ mm

11）用厚度规检查活塞环与活塞上各槽之间的端面间隙
① 第一道活塞环端面间隙：+0.115 ~ +0.16mm，磨损极限 0.20mm
② 第二道活塞环端面间隙：+0.07 ~ +0.11mm，磨损极限 0.20mm
③ 油环端面间隙：+0.03 ~ +0.07mm，磨损极限 0.20mm

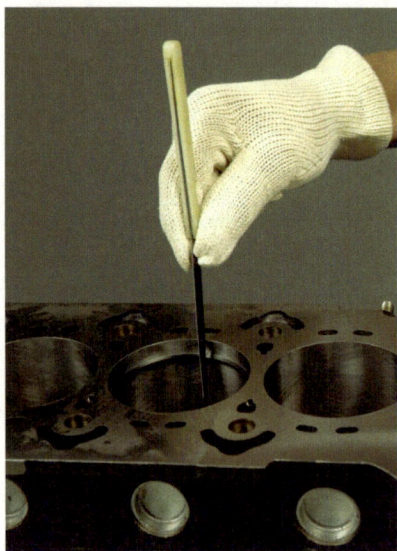

12）将活塞环放入缸孔中，检查活塞环的开口间隙
① 第一道活塞环开口间隙：0.20 ~ 0.40mm，磨损极限 0.80mm
② 第二道活塞环开口间隙：0.50 ~ 0.70mm，磨损极限 1.0mm
③ 油环开口间隙：0.25 ~ 0.50mm，磨损极限 1.0mm

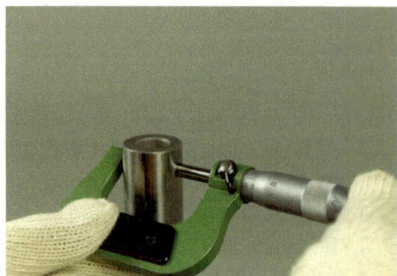

13）测量活塞销直径
① 活塞销外径 $\phi 30^{0}_{-0.005}$ mm
② 磨损量不得超过 0.015mm

（续）

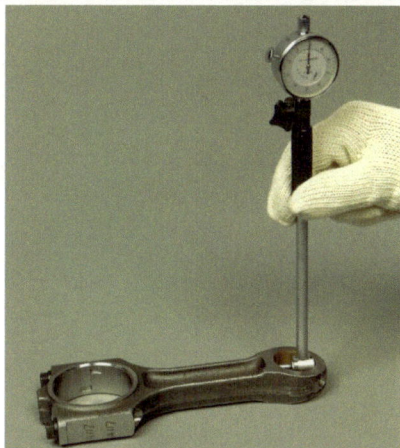

14）测量连杆小头

① 连杆小头衬套孔 $\phi 30^{+0.033}_{+0.02}$ mm

② 活塞销外径与连杆小头衬套孔间隙配合 +0.038 ～ +0.02mm，磨损极限 0.08mm

15）测量连杆大头

连杆大头轴瓦孔 $\phi 50^{+0.063}_{+0.024}$ mm

⚠ 注意：测量连杆大头轴瓦孔时，将轴瓦和轴承盖装在相应的连杆上，并用规定的力矩拧紧轴承盖的固定螺栓。用内径千分表测量连杆轴承孔的内径

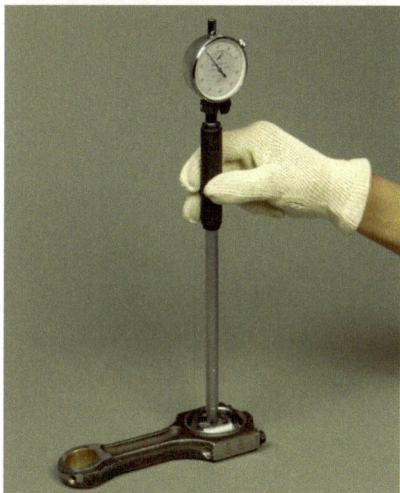

16）检查连杆轴瓦

① 轴瓦表面抗磨材料不应有刮伤或嵌入杂质

② 不应因润滑不良而产生轴瓦卡死或抗磨材料脱落等现象

在重新装配时应特别注意保持清洁

25. 拆卸曲轴

1）由两头往中间，松开主轴承螺栓

2）取下主轴承盖、主轴承螺栓

（续）

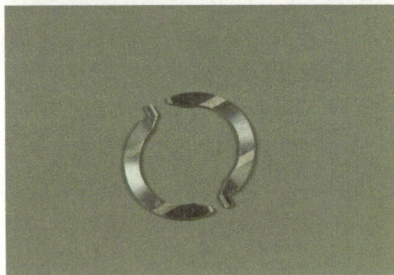

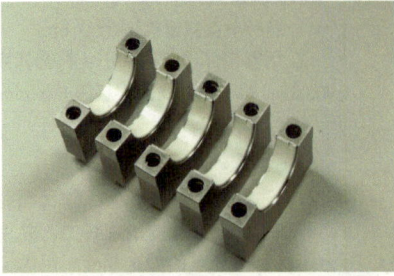		3）主轴承盖、主轴承螺栓整齐放好
	↔	4）转动曲轴，取出止推片
	↔	5）将曲轴抬下
	↔	6）推出主轴瓦

（续）

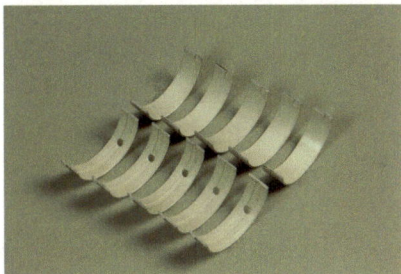

7）检查主轴瓦

① 轴瓦表面抗磨材料不应有刮伤或嵌入杂质

② 不应因润滑不良而产生轴瓦卡死或抗磨材料脱落等现象

③ 在重新装配时应特别注意保持清洁

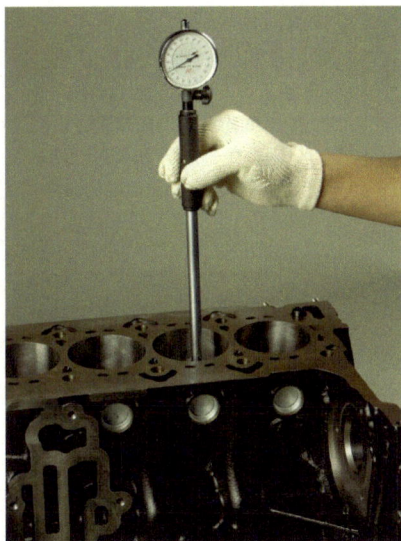

8）测量气缸孔

① 发动机气缸孔磨损达到一定程度时，发动机的技术性能明显变坏，功率下降，燃油及润滑油的消耗明显增加。通常通过检测气缸磨损后的圆柱度和圆度判定气缸孔的磨损程度

② 检验气缸套的圆度和圆柱度

a. 根据缸孔直径尺寸，选择合适接杆，固定在量缸表下端

b. 校正量缸表尺寸，用量缸表分别在距离缸套上边缘、中间及下边缘三个截面内进行测量。每个截面分别测量平行和垂直于曲轴轴向两个方向

⚠ 注意：用量缸表测量时，测杆与气缸轴线应垂直，否则测量不精确

c. 根据测量结果计算圆度和圆柱度误差。圆度误差为测量得到的同一截面最大直径与最小直径的差值的一半；圆柱度误差为被测气缸表面任意方向所测的最大直径与最小直径差值的一半

d. 当气缸的圆度超过 0.04mm，圆柱度超过 0.08mm 时，应更换气缸体

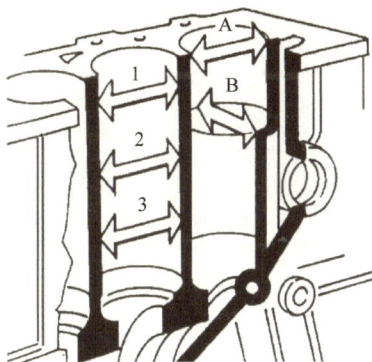

9）目视检查缸壁表面，如有轻微裂纹，而圆度和圆柱度并未超过限度，可用细砂布打磨。如气缸壁伤痕严重，有烧伤、拉缸现象，应更换气缸体

10）测量气缸孔与活塞裙部间隙

① 测量气缸孔直径：缸体缸孔内径 $\phi 80^{+0.01}_{0}$ mm，磨损量不得超过 0.03mm

② 计算气缸孔与活塞裙部的间隙：此值与上述测量所得的活塞裙部最大直径之差，便是活塞与气缸的间隙。磨损极限不得超过 0.15mm

（续）

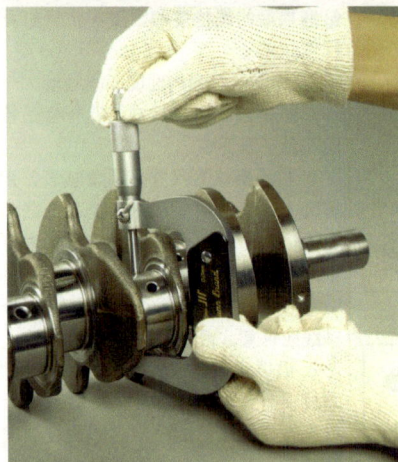

11）检测曲轴

① 仔细将曲轴冲洗并清理干净。然后用压缩空气吹干油孔

② 测量主轴颈和连杆轴颈。主轴颈直径：$\phi 60_{-0.019}^{0}$ mm；连杆轴颈直径：$\phi 50_{-0.016}^{0}$ mm

③ 计算曲轴主轴颈—曲轴主轴瓦孔的间隙。主轴颈直径与上述测量所得的曲轴主轴瓦孔直径之差，便是其配合间隙。磨损极限不得超过 0.15mm

⚠ 注意：测量曲轴主轴瓦孔的直径时，应将轴承盖及轴瓦装在轴承座上，并用规定的力矩紧固螺栓。用内径千分表测量孔径

④ 计算曲轴连杆轴颈—连杆轴瓦孔的间隙：连杆轴颈直径与上述测量所得的连杆轴瓦孔直径之差，便是其配合间隙。磨损极限不得超过 0.15mm

26. 拆卸活塞 / 链条冷却喷嘴

1）松开活塞冷却喷嘴连接螺栓

（续）

	← →	2）拆下活塞冷却喷嘴
	← →	3）松开链条冷却喷嘴连接螺栓
	← →	4）拆下链条冷却喷嘴

第6章
D19TCI 电控高压共轨柴油机装配

6.1 装配基本技术要求

发动机装配是发动机维修作业中的一个重要环节，发动机维修作业的好坏与装配精度、装配技术要求和装配质量密切相关。必须注意以下事项：

1）装配的零部件、总成都要经过检验和试验，确保质量合格，新件必须使用合格的正品零部件。

2）待装零件必须保持清洁，不得粘有异物。

3）对气缸壁、活塞、活塞环、轴瓦等运动配合工作面，装配前要涂抹清洁润滑油。对增压发动机，还必须在增压器进油孔处加注清洁润滑油。

4）螺栓螺母必须按规定力矩拧紧，有拧紧顺序要求的，必须按规定顺序操作。

5）注意装配过程检验，各部位配合间隙应符合技术规定。

6）注意装配记号，确保安装关系正确，如活塞连杆组、正时系、轴承盖等。

7）发动机装配完毕后应进行检验与磨合。

6.2 发动机装配图解

发动机装配图解见表6-1。

表 6-1 发动机装配图解

1. 安装链条 / 活塞冷却喷嘴总成		
		1）清洗机体、主轴承座孔、分合面油污、杂质
		2）装活塞冷却喷嘴总成：将4件活塞冷却喷嘴总成安装到机体上
		3）拧紧内六角螺钉，拧紧力矩为（10.5±2）N·m

（续）

	4）装链条喷嘴总成：在机体前端装 1 件链条喷嘴总成及内六角螺钉、弹垫组合件
	5）拧紧到（10.5±2）N·m

2. 安装上下瓦

	1）装上瓦：把上主轴瓦上的止口对准机体主轴承座孔的卡瓦槽，将 5 件上主轴瓦推装到位 ⚠ 注意：装主轴瓦时一定要认准上、下瓦，上瓦有油槽，下瓦没有，不得装错
	2）装下瓦：把下主轴瓦上的止口对准主轴承盖上的卡瓦槽，将 5 件下主轴瓦推装到位

3. 装曲轴、止推片、主轴承盖

	1）在上主轴承瓦上加适量清洁机油 2）将曲轴抬放在机体上
	3）装止推片：手持止推片定位端，认向将止推片另一端从机体有止推片定位面和曲轴之间的间隙放入，转动止推片直到其定位端停止在止推片定位面上 ⚠ 注意：装配时，止推片有油槽的一面向外。止推片安装在第四道主轴承座两侧 4）装另一侧止推片 ⚠ 注意：止推片定位端应相对

（续）

5）加机油：在曲轴主轴颈上、主轴瓦、止推片上加清洁机油，转动曲轴

6）装主轴承盖：将5个主轴承盖对号、认向安装在机体上；确认主轴承盖与定位销套对准后，用紫铜棒将主轴承盖轻敲装到位

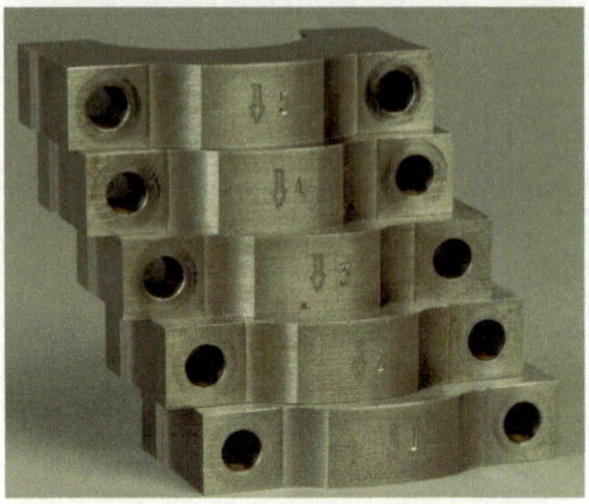

7）从机体前端到后端，主轴承盖与机体主轴承座按规定标记（1、2、3、4、5）一一对应，相互间不能互换；主轴承盖上的箭头方向指向机体前端

8）将蘸过机油的主轴承盖螺栓放入主轴承盖过孔内

9）主轴承螺栓紧固时要从中间一道开始，依次向两端逐步拧紧，分三次紧固螺栓到规定力矩；按顺序分别紧固螺栓到25N·m、50N·m、（83±12）N·m

10）检查：转动曲轴2~3转，检查是否灵活；若否，松开主轴承盖调整

11）测量曲轴回转力矩，回转力矩必须小于5.6 N·m

（续）

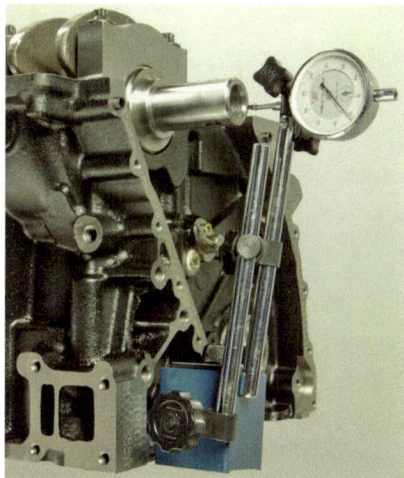

12）用手力摇动曲轴扇板，轴向拨动曲轴，检查曲轴是否有一定的轴向窜动，轴向间隙为 0.09～0.213mm。如不能达到以上要求，松开第 4 档主轴承盖，更换止推片

4. 分装活塞连杆

1）清洗所有零件

2）使用压装活塞销锁圈装置安装活塞销锁圈（通常在拆卸时只需拆下一个活塞销锁圈，若此时活塞上还保留一个活塞销锁圈，则无此步骤）

⚠ 注意：活塞销锁圈开口位置水平，并避开主推力面，应安装到位

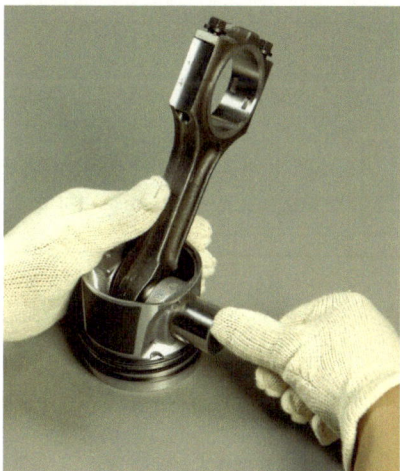

3）将连杆总成放进活塞内。

注意连杆相对位置：活塞顶面向前箭头标记朝前时，卡瓦槽方向在进气侧

4）将活塞销压入活塞销孔及连杆小头孔内；禁止活塞在冷态时将活塞销强行敲入

（续）

向前箭头标记

5）使用压装活塞销锁圈装置安装第二个活塞销锁圈

6）若无专用工具，可用小起子小心地将第二个活塞销锁圈安装在活塞挡圈槽内；安装时注意避免活塞销锁圈弹出伤人

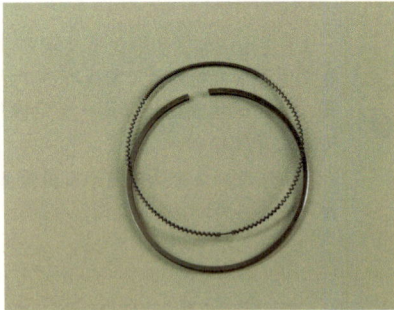

7）在装配油环时，要注意弹簧接头应与油环开口成180°

8）用活塞环卡钳在活塞环槽内安装油环及两道气环，气环刻字母一面必须向上

⚠ 注意：同一台柴油机连杆合件的质量差不得大于6g。同一台柴油机上的活塞连杆总成的质量差不得大于15g

（续）

5. 装活塞连杆总成

1）在各配合面上加适量机油，并转动活塞环使机油充分分布于活塞环槽内

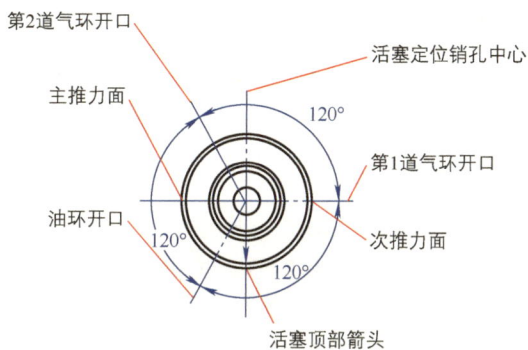

第2道气环开口
活塞定位销孔中心
主推力面
120°
第1道气环开口
油环开口
120°
次推力面
120°
活塞顶部箭头

2）调整活塞环的开口方向：3 道活塞环开口方向相互错开 120°，不得位于活塞销孔方向及主推力面；活塞环装配在环槽内应能自由转动，无卡滞现象。活塞环装配时要注意有记号的一面面向活塞顶部

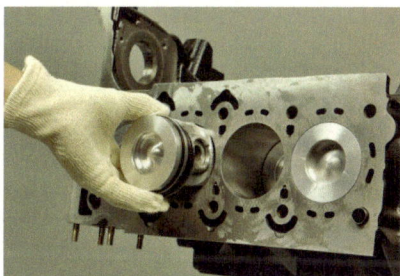

3）翻转机体呈横卧状态，转动曲轴使 1、4 缸连杆轴颈在下止点位置

4）用活塞滑套套在已分装好的活塞连杆总成上

5）将活塞连杆总成推装到位

6）应认清方向装配，活塞顶部箭头指向机体前端

7）装入机体前后活塞连杆总成转动必须灵活；卡瓦槽方向在进气侧

（续）

	8）在连杆螺栓上蘸清洁机油，认向装连杆盖、连杆螺栓；连杆体和连杆盖要对号，不得互换，卡瓦槽在同向装配
	9）手工摇动连杆螺栓，使连杆盖与连杆体完全贴合
	10）紧固螺栓使紧固力矩先到 20N·m，接着再到最终力矩（57±8）N·m
	11）安装完 1、4 缸活塞连杆总成后，转动曲轴使 2、3 缸连杆轴颈在下止点位置，按照上述步骤安装 2、3 缸活塞连杆总成
	12）检查：用手力沿曲轴轴向摇动，检查连杆大头应有明显间隙（连杆轴向间隙 0.35～0.63mm）；转动曲轴应无卡滞现象
	13）检测曲轴回转力矩：转动曲轴至少 360°，检查回转力矩应小于或等于 15 N·m

6. 测量活塞凸出量

	1）将千分表放在机体 1、4 缸进或排气侧调 "0"，以机体顶面为基准，移动千分表到活塞顶上，正反旋转曲轴，记录指针最大偏差值即为活塞凸出量
	2）若有一缸活塞凸出量超过 3 个组的范围，则应该更换该活塞连杆总成
	3）用同样的方法检测 2、3 缸活塞凸出量
	4）根据四个缸凸出量的数值，计算平均值

活塞凸出量	活塞凸出量 /mm
A	0.276～0.376
B	0.376～0.476
C	0.476～0.576

（续）

5）根据活塞凸出量的情况，选择相应的气缸盖垫片

活塞凸出量平均值范围 /mm	对应装的气缸盖垫片厚度分组
0.276 ~ 0.376	1.02mm（垫片排气侧靠前端无任何标识孔）
0.376 ~ 0.476	1.12mm（垫片排气侧靠前端有 1 个标识孔）
0.476 ~ 0.576	1.22mm（垫片排气侧靠前端有 2 个标识孔）

7. 装下机体

1）翻转机体底面向上，清洗所有零件，清洁机体与下机体结合面的油污

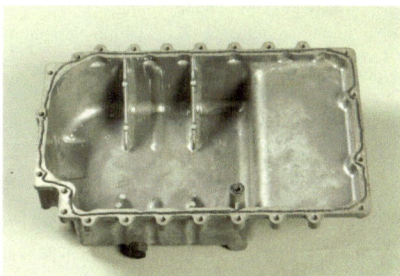

2）施胶：在下机体与机体结合面施 1.5 ~ 2mm 宽的密封胶线，且胶线连续不间断

⚠ 注意：推荐采用平面密封型硅胶"乐泰 5900"，施胶后 20min 内应完成装配

3）在机体主油道沉头孔内安装 O 形密封圈，确保沉头孔与 O 形密封圈不错位

（续）

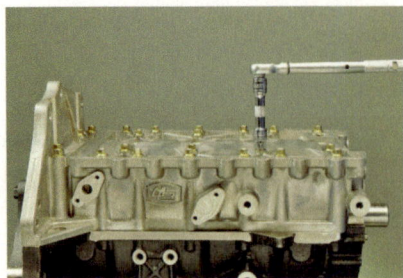

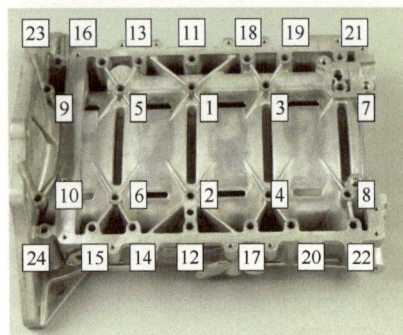

	4）装下机体：建议旋入 2 件工艺螺杆作为导向，便于安装下机体 ⚠ 注意：装机过程不能抹乱胶线
	5）在 24 颗螺栓上蘸取适量清洁机油，放入下机体螺栓过孔中
	6）拧紧螺栓直到下机体和机体接触
	7）紧固螺栓：先全部拧紧到 13N·m；再按图示顺序由内到外、由中间到两边、交叉对角顺序全部紧固到最终力矩（26±2）N·m
 机油泵处螺栓	⚠ 注意：安装在机油泵处螺栓与其他 23 颗螺栓不同，略短

8. 安装机油泵

	1）清洗所有零件结合面，不得有明显油污
	2）装机油泵部件：在机油泵上安装机油吸油管总成、垫片、2 件螺栓组合件，并紧固，紧固力矩为（10±2）N·m

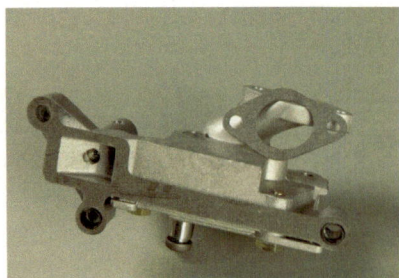

（续）

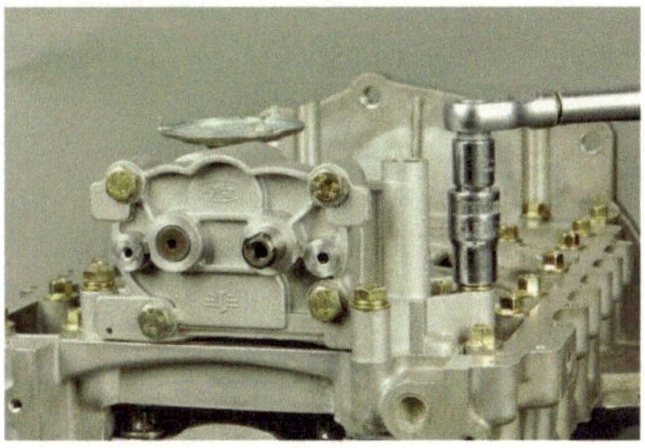	 → ←	3）装机油泵部件：在下机体前端装机油泵部件、垫片、3 件螺栓组合件
	 🔧	4）紧固螺栓。机油泵与下机体的连接螺栓（M8）紧固力矩为（25±2）N·m
	 👁	5）检查：用手旋转机油泵，检查机油泵轴是否灵活转动

9. 装曲轴后油封

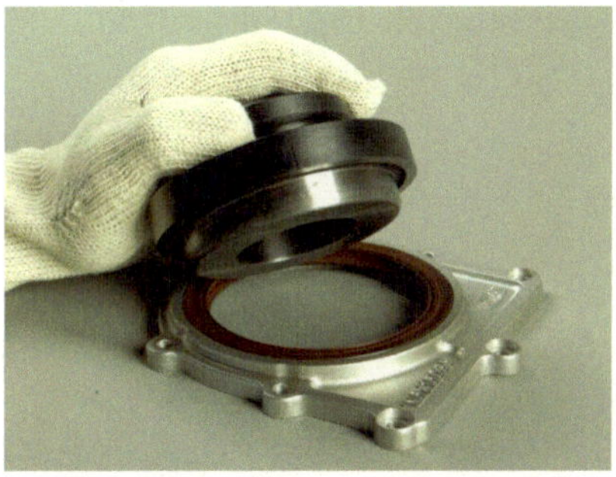	 → ←	1）分装后油封合件：采用专用工具压入后油封到后油封架；应安装到位，不得产生歪扭和切边现象
	 🛢	2）施胶：施胶前结合面用毛巾擦干净，不得有油污。在机体、下机体与后油封架结合面涂密封胶，胶线连续不间断
		3）在曲轴后端装导向套

（续）

		4）装后油封合件：对准曲轴后端导向套，将后油封合件装配到位。油封唇口不得翻边、扭曲
		5）装8件螺栓垫圈组合件
		6）按图示顺序，对角交叉紧固螺栓到规定力矩（10±2）N·m
		7）取下导向套

10. 测上止点

		1）确保1、4缸活塞处于上止点 上止点测定：将百分表放在第1缸活塞顶面进气侧上，调"0"，正反转动曲轴，观察偏转情况，当指针在最大位置时，停止转动，即为一缸上止点
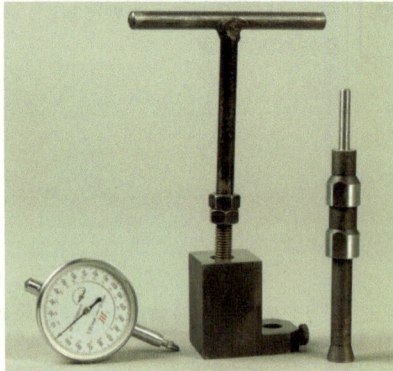		2）如果未拆下气缸盖，可拆卸喷油器，从气缸盖喷油器孔处使用上止点测量工具测定上止点位置
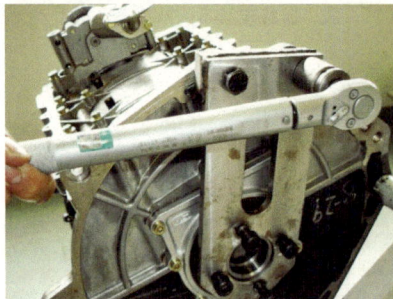		3）用专用工具卡住曲轴，使其不能转动 ⚠ 注意：上止点测定后必须卡住曲轴，目的是后续正确安装正时链系统。否则会造成正时混乱，并可能损坏发动机

11. 装高压油泵

		1）燃油泵密封接触面必须清洁、无油污、杂质

（续）

		2）检查：燃油泵上的 O 形密封圈必须完好、无剪切
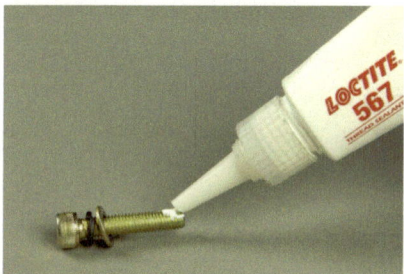		3）在螺栓组合件的螺纹前涂适量螺纹密封胶
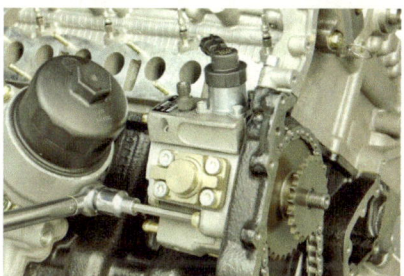		4）双手持泵，注意易损部位不得用力；选好油量控制单元的安装角度，保持轴水平，稍微旋转泵体将燃油泵装配到位；若装配困难，可以涂适量机油在 O 形密封圈上 5）旋入 3 件螺栓、弹垫、平垫组合件 6）紧固喷油泵螺栓，紧固力矩到（30±5）N·m

12. 装水泵

		1）分装水泵：在水泵总成上装水泵进水接管垫片、水泵进水接管对应的 3 件螺栓组合件
		2）紧固各 M6 螺栓到（10±2）N·m；并用手转动水泵，检查泵轴是否转动灵活

（续）

3）在机体上装螺柱、水泵垫片

4）装水泵组件，装平垫、弹垫、螺母并紧固，紧固螺母到（25±2）N·m

13. 分装机油模块总成

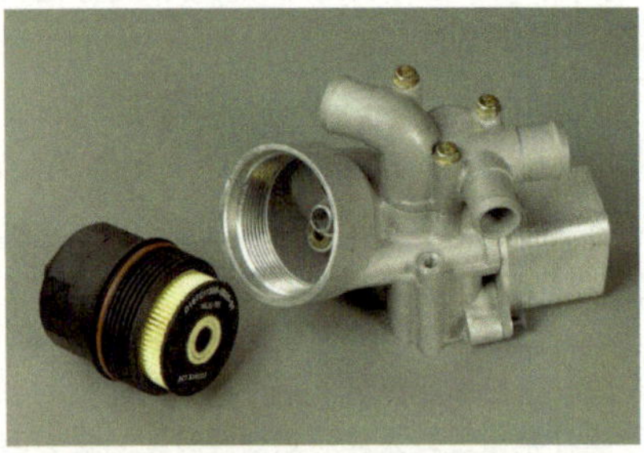

1）装放油阀总成：将放油阀总成装入机油模块座内

2）将机油滤清器总成装到机油模块座上，紧固机油滤清器总成螺栓到（25±2）N·m；检查 O 形圈不得剪切断裂

⚠ 注意：机油滤清器必须装配到位

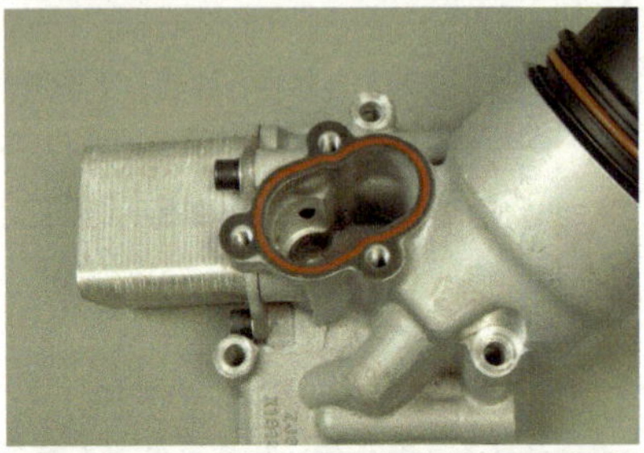

3）装机油冷却模块垫片

⚠ 注意：应检查孔是否对齐，垫片不得装反

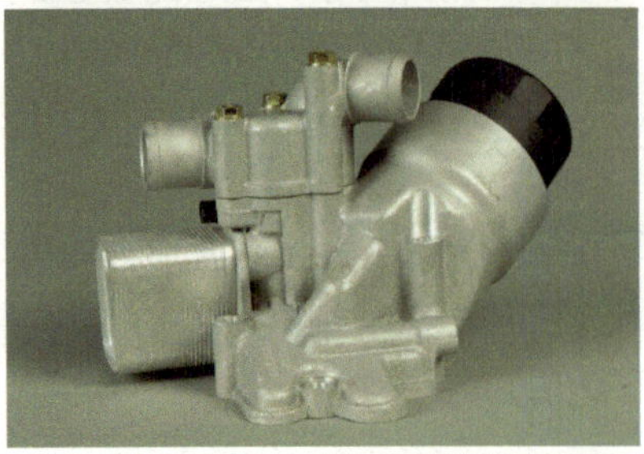

4）装机油模块盖、螺栓组合件；紧固螺栓到 15～20N·m

（续）

14. 装机油模块总成		
		1）清理各接合面
		2）装机油模块总成 建议在机体上装工艺螺柱作为导向，便于安装机油模块总成
		3）装螺栓组合件，紧固螺栓到（25±2）N·m
		4）在机油压力报警器前端涂螺纹密封胶
		5）将机油压力报警器装入机油模块螺孔，并紧固到 25～30N·m

15. 分装气缸盖总成		
		1）装气门：选取对应的进、排气门，在气门杆上蘸适量清洁机油，将进、排气门放入对应的进、排气门导管孔内 ⚠ 注意：进气门大，排气门小

（续）

	➡◼⬅	2）装油封：翻转缸盖使顶面向上，在气门杆上装 16 件气门杆油封并压装到位
	➡◼⬅	3）装气门弹簧、气门弹簧座各 16 件
	Ⓜ	4）用气门锁夹拆装工具压下气门弹簧、气门弹簧座，每气门装入 2 件气门锁夹，松开压具，用橡皮锤敲击每件气门保证装配到位 ⚠ 注意：安装时，在气缸盖底平面应垫住气门，使其不下落
		5）气门安装完成后，应进行试漏，必须确保气门不漏气；可用气体密封试验或在气门凹坑处加煤油，观察是否有泄漏，以判断其密封效果
	➡◼⬅	6）装水温传感器、暖风进水管，并紧固螺栓；水温传感器紧固力矩（27±5）N·m；暖风进水管连接螺栓紧固力矩（10±2）N·m

（续）

16. 安装气缸盖

		1）气缸盖底面、缸体顶面应清洗干净
		2）将垫片放在气缸盖顶面上，检查前端垫片应低于机体前端面
		3）对准机体顶面的两定位销套，将气缸盖总成抬放在气缸盖垫片上
	 	4）装气缸盖螺栓：在 10 件螺栓上涂适量清洁机油并放入过孔内
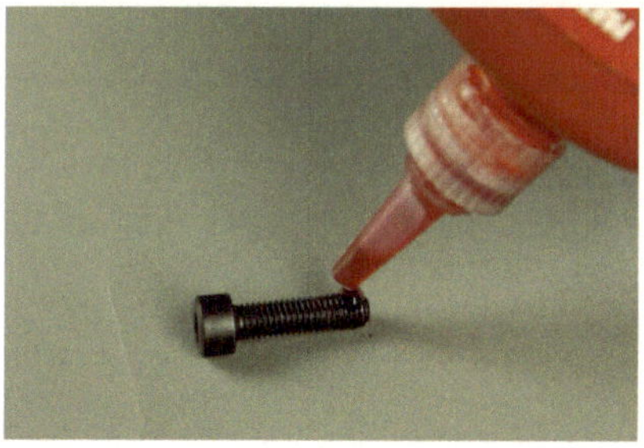		5）在缸盖侧翼上装 1 件螺栓组合件；螺纹前端涂螺纹锁固胶

（续）

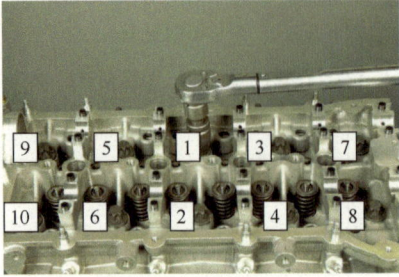		6）将 11 件螺栓手工旋入螺孔内数牙
		7）按图示顺序分三次紧固 10 件螺栓到相应力矩；分别是 34N·m、68N·m、（112±17）N·m
		8）最后紧固侧翼上的 1 件 M8 螺栓到（25±2）N·m

17. 装滚子摇臂、液力挺柱

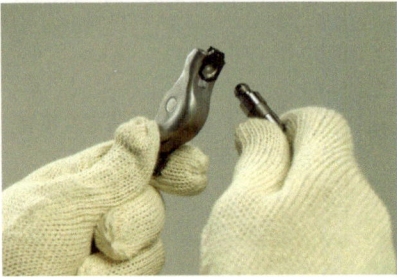		1）将液力挺柱球头卡入滚子摇臂球窝
		2）在液力挺柱上蘸机油
		3）装液力挺柱和滚子摇臂总成

（续）

18. 装进排气凸轮轴

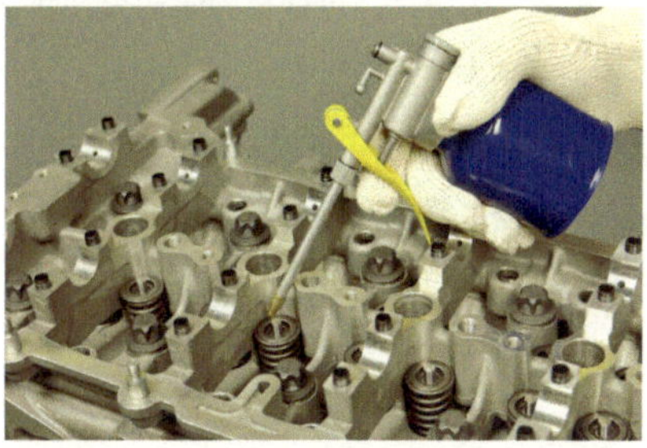

1）在气门杆头部加清洁机油

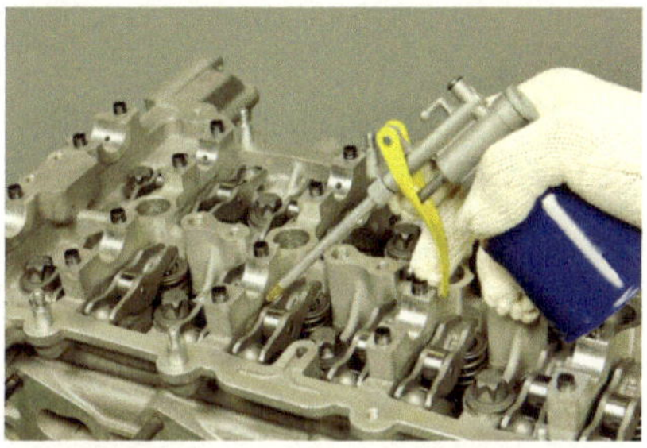

2）在滚子摇臂滚轮上加清洁机油

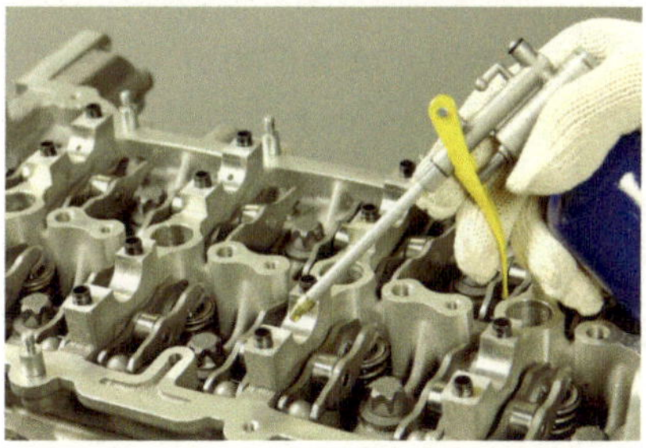

3）在凸轮轴下座上加清洁机油

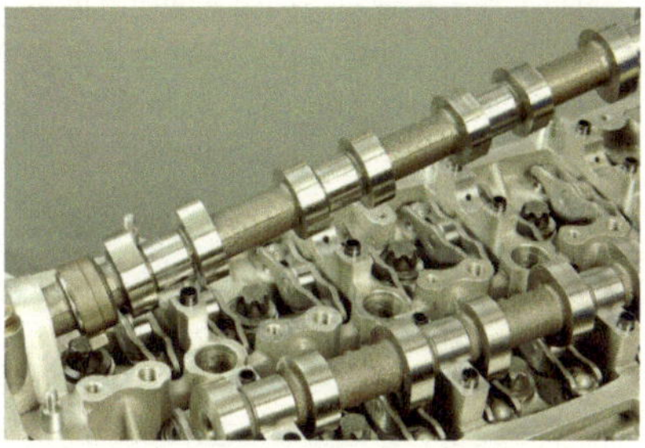

4）将排气凸轮轴信号盘端插入真空泵座，并将排气凸轮轴总成装配到位

5）将进气凸轮轴总成装配到位

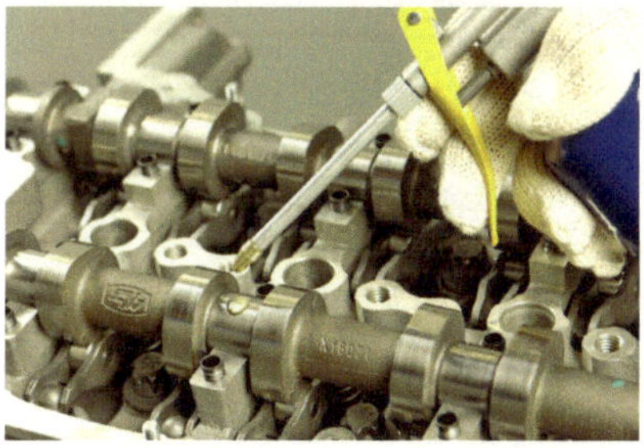

6）在凸轮轴上加清洁机油

（续）

		7）转动凸轮轴使润滑均匀，并使凸轮轴有"TOP"字面朝上
		8）装凸轮轴盖：将10个凸轮轴盖按顺序装在缸盖上；确认凸轮轴盖与定位销套对准后，用尼龙棒将凸轮轴盖轻敲装到位
		9）凸轮轴盖应对号、认向安装，即从缸盖前端到后端，进气凸轮轴盖为0、1、2、3、4；排气凸轮轴盖上数字为5、6、7、8、9
		10）装凸轮轴盖螺栓：将蘸过机油的凸轮盖螺栓旋入凸轮轴盖过孔内
		11）拧紧凸轮轴盖螺栓：按先中间、后两边顺序，先紧固全部螺栓力矩到5N·m；再拧到最终力矩（13±2）N·m
		12）检查：凸轮轴盖螺栓紧固应全数检查凸轮轴盖分合面是否已贴合，目测有无翘边现象，若有，应拆除并重新装配
		13）检测凸轮轴轴向间隙： 建议在未装摇臂、挺柱前检测，且不需要装凸轮轴盖 测试方法：将磁性表座固定在机体前端面上，用撬棒拨动凸轮轴轴向，用百分表测量轴向间隙 凸轮轴轴向间隙为0.07～0.202mm

（续）

19. 装正时链总成

	1）装配前，确保 1、4 缸活塞处于上止点，检查曲轴是否固定，不能转动
	2）用扳手旋转调整进、排气凸轮轴到上止点位置（有"TOP"字面朝上）
	3）插入凸轮轴正时卡条
	4）将凸轮轴正时卡板卡到位 注意：装配前保持两卡具的清洁
	5）在曲轴、燃油泵上装相应的链轮，套上链条

（续）

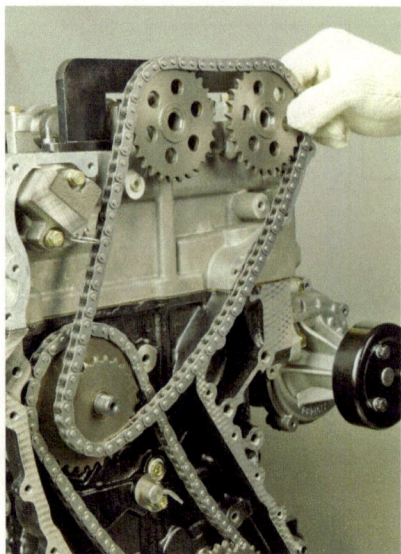

6）在缸盖进、排气凸轮轴上装相应的链轮，套上链条

7）在机油泵轴上装机油泵链轮，套上曲轴与机油泵链条

8）将拆下的机油泵螺栓旋入机油泵轴

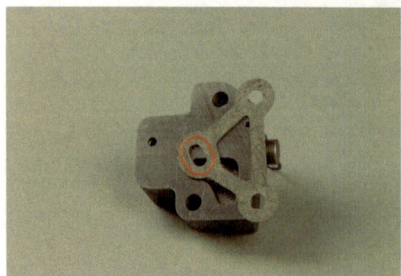

9）装垫片、缸盖链条张紧器

（续）

9）装垫片、缸盖链条张紧器

10）装缸盖上的链条导板，紧固 2 件凸轮轴链条导板螺栓；紧固力矩为（12±2）N·m

11）装链条机械张紧器、张紧器螺栓；紧固螺栓，拧紧力矩（12±2）N·m

（续）

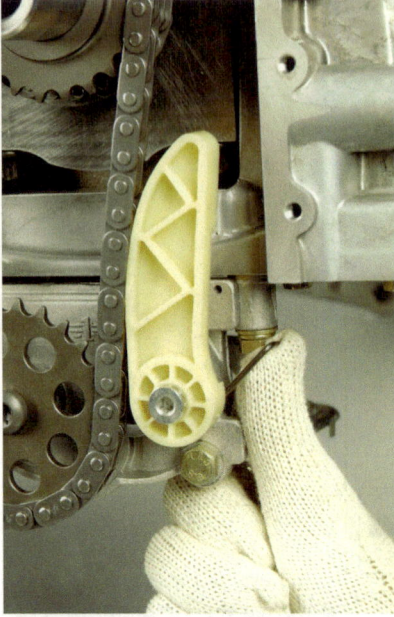

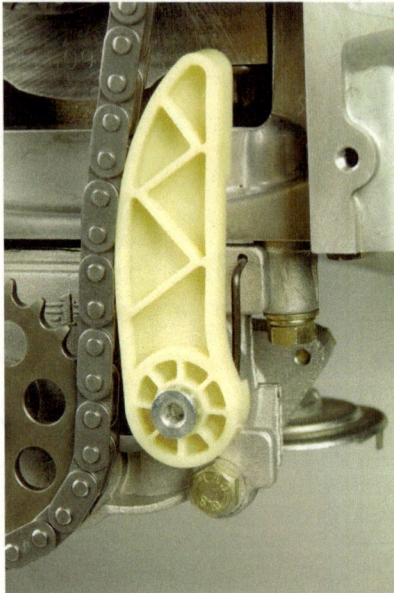

12）用手将机械张紧器的弹簧扳入支撑孔内

（续）

13）装链条导板、链条张紧器臂

14）紧固 3 件链条导板螺栓、2 件链条张紧器臂螺栓；紧固力矩为（20±2）N·m

15）装机体上的液压张紧器

16）紧固燃油泵与曲轴链条张紧器，紧固力矩为（60±5）N·m

17）装并紧固 2 件凸轮轴链轮压紧螺栓，紧固力矩为（85±5）N·m；安装前，螺纹头部涂螺纹锁固胶

（续）

18）装并紧固燃油泵螺母，紧固力矩为（70±5）N·m

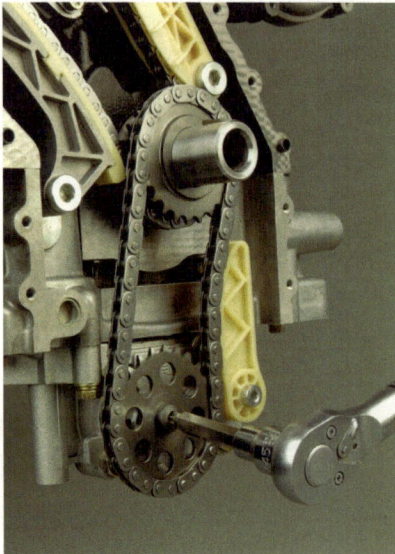

19）紧固机油泵链轮螺栓，紧固力矩为（36±3）N·m

（续）

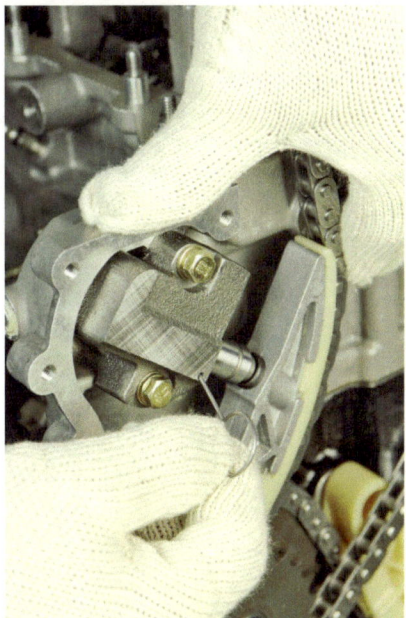

20）用手将次要链条张紧器臂轻轻拨向进气方向，并拔出（次要）链条张紧器 – 燃油泵 / 凸轮轴上的锁销

⚠ 注意：锁销必须拔出

21）检查张紧器柱塞是否弹出，链条是否张紧

22）加机油：在各链轮与链条配合面上加适量清洁机油

（续）

	23）在曲轴上装半圆键，并用紫铜棒将其敲到位

20. 装链条罩盖部件

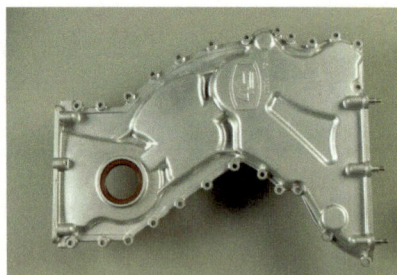	1）链条罩盖部件分装：将链条罩盖正放好，用压具将前油封压装到位 ⚠ 注意：装配前油封应低于链条罩盖面，且不得歪扭、切边
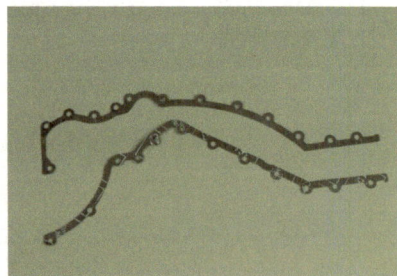	2）装配前在缸体四处接合面处补胶 3）装链条罩盖垫片

（续）

4）对正机体前端两定位销套装链条罩盖、25 件螺栓

5）从定位销处往两边交叉紧固螺栓到（10±2）N·m

6）装配后检查顶、底面是否分别与缸盖和下机体面平齐

21. 装曲轴减振器

1）对齐半圆键槽，装减振器，并用铜棒轻敲到位

2）在曲轴前端螺纹孔上装压板、螺栓。分三次紧固到规定力矩：第一次 100N·m；第二次 200N·m；第三次（400±35）N·m

（续）

← →	3）拆除凸轮轴正时卡具
Ⓜ	4）拆除固定曲轴转动工具

22. 装油底壳

	1）将油底壳与下机体结合面用毛巾擦干净，不得有油污
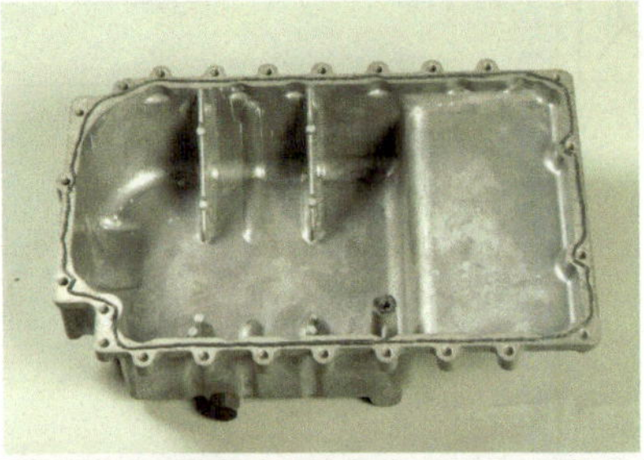	2）施胶：在油底壳与链条罩盖、下机体结合面涂密封胶；胶线轨迹如图所示；胶线连续不间断
→ ←	3）装油底壳24件螺栓组合件 建议：在下机体与油底壳连接的任意两对角螺纹上旋入2件导向杆，便于安装，避免抹乱胶线
	4）按从前端到后端，两边交叉紧固到（10±2）N·m
→ ←	5）在油底壳放油螺塞孔上装组合垫圈、机油放油螺塞并紧固；紧固力矩70～90N·m

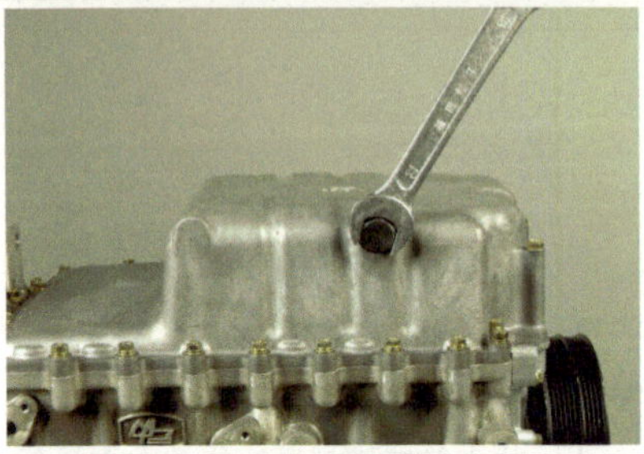

23. 装真空泵

→ ←	1）转动真空泵长条形连接块

（续）

	 ▶◀	2）真空泵长条形连接块与凸轮轴长条形槽对应
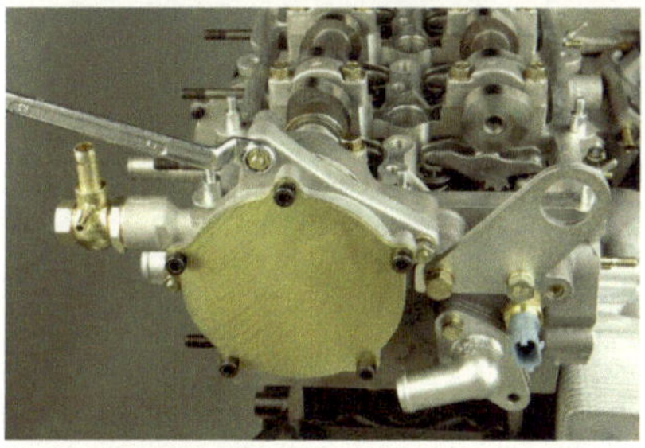	  ▶◀　⟲	3）装真空泵垫片、真空泵总成，装螺母、弹垫、平垫，并紧固，紧固力矩（10±2）N·m

24. 分装气门室罩盖

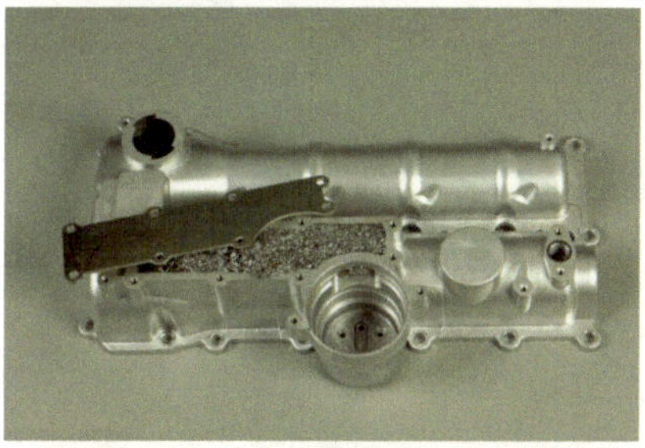	 ▶◀	1）装呼吸器滤网
		2）在气门室罩上涂胶线
	▶◀	3）装呼吸窗盖板、螺栓组合件；紧固各螺栓到（7±2）N·m
		4）装凸轮轴位置传感器、螺栓组合件；注意检查上面的O形圈不应扭曲；紧固凸轮轴位置传感器连接螺栓到（7±2）N·m
	⟲	5）装加油口盖，并旋紧
		6）装曲轴通风总成，螺栓组合件；紧固螺栓到 2.5～4N·m；为便于安装，可在O形圈上涂适量机油
	⟲	安装时曲轴通风总成上的O形圈不得扭曲、切边

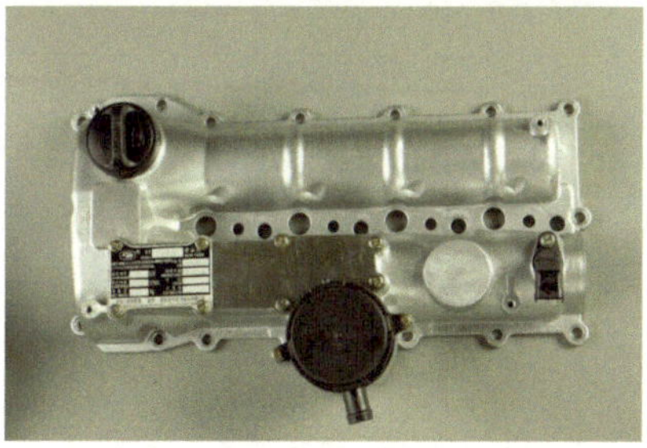

（续）

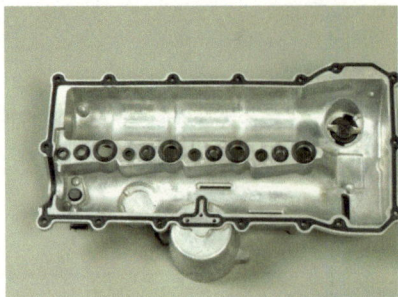

	7）在气门室罩盖上装喷油器密封圈、喷油器压紧螺栓密封圈、喷油器支点螺栓密封圈
	8）在气门室罩盖上装气门室罩盖胶垫

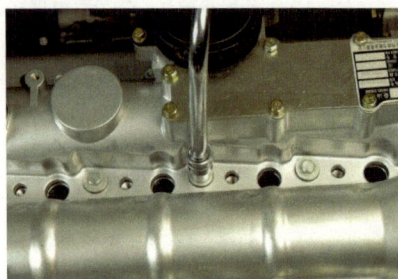

	9）在结合面涂适量胶，将胶刮平
	10）装气门室罩分装组件
	11）装喷油器支点螺栓、喷油器支点螺栓密封圈
	12）装气门室罩盖螺母、螺栓
	13）按从前端到后端，分2遍紧固气门室罩盖螺母、螺栓，使紧固力矩先到2～3N·m，再紧固到（7±2）N·m

25. 装电热塞、共轨总成

	1）在气缸盖上旋入电热塞，先手工将电热塞顺畅地预紧到孔的锥座上，然后拧紧到(8±2)N·m
	2）电热塞安装到位后，用电阻计检测；对11V的电热塞，检测电阻在1.5Ω以内

	3）在气缸盖上用螺栓组合件装共轨总成，拧紧螺栓到（25±2）N·m
	4）共轨上的油管接头上应防止灰尘、异物掉入其中，建议使用防护帽保护

（续）

26. 装冷却系统管路

1）装缸盖出水接管垫片、缸盖出水接管、缸盖出水胶管、螺栓组合件，并紧固，拧紧力矩（10±2）N·m

2）紧固缸盖出水胶管卡箍

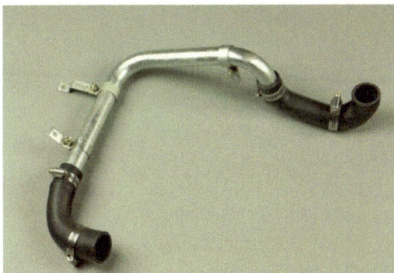

3）分装水管：按图所示，将水管、水管夹、胶管、卡箍分装好

（续）

	▶◀	4）总装水管：将分装好的水管组件，按图所示，安装到发动机上，紧固各连接卡箍
	▶◀	5）紧固各管夹连接螺栓

27. 装进气管部件

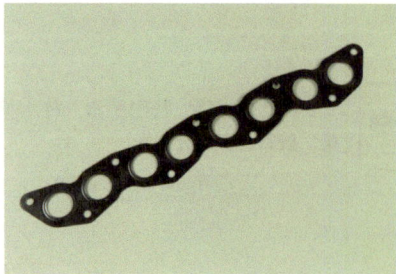	▶◀	1）装进气管垫片：进气管垫片上的孔与缸盖上的进气口对准，不得有明显错位现象

（续）

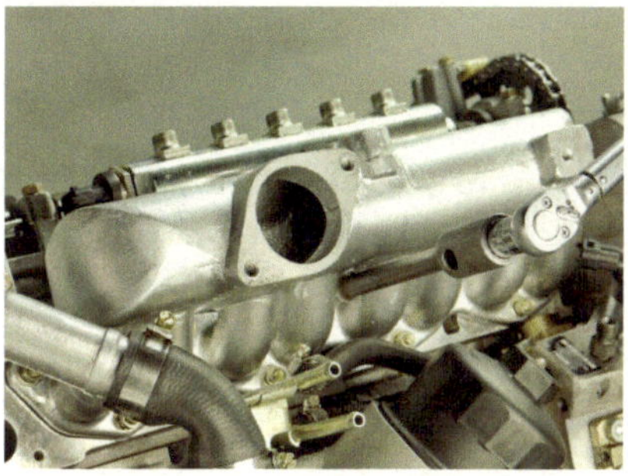	▶◀	2）装进气管
	⟲	3）装进气管连接平垫、螺母，并紧固，进气管处螺母按由中间向两边、对角顺序紧固；紧固力矩（10±2）N·m
	▶◀	4）装进气接管垫片、进气接管
	⟲	5）装进气接管连接平垫、螺栓
		6）进气接管连接螺栓紧固力矩 15～20N·m

28. 装 EGR 总成

	▶◀	1）在进气接管上装 EGR 阀垫片、EGR阀、螺栓组合件，并紧固，螺栓拧紧力矩15～20N·m
	⟲	
	▶◀	2）装 EGR 连接管两端垫片、EGR 连接管、螺栓组合件，并紧固，靠近缸盖处螺栓拧紧力矩（10±2）N·m，靠近 EGR 阀处螺栓拧紧力矩 15～20N·m
	⟲	

（续）

29. 装排气部件

1）装4件排气管垫片 I、1件排气管垫片 II；装配前应检查垫片上的孔与缸盖及排气管上排气口对齐，不得有明显错位现象

⚠ 注意：检查孔口是否对齐，垫片不得装反

2）装排气管、排气管连接螺母；按由中间向两边、对角顺序紧固；紧固力矩（30±2）N·m

3）安装增压器垫片、增压器到排气管上

4）紧固增压器连接螺栓到（30±2）N·m

5）装排气防护罩及连接螺栓，紧固力矩（10±2）N·m

（续）

6）从增压进油管螺栓安装孔处加适量机油

7）装机油进油管总成

8）在其上装增压进油管螺栓、组合垫圈，螺栓紧固力矩 32～40N·m

9）将机油进油管总成另一端铰接螺栓、组合垫圈装到机体上，螺栓紧固力矩 20～28N·m

（续）

10）装垫片、回油管与增压器连接端螺栓组合件，紧固螺栓到（10±2）N·m

11）装垫片、回油管与机体连接端螺栓组合件，紧固螺栓到（10±2）N·m

（续）

30. 安装附件系统

1）装张紧轮支架、紧固连接螺钉，拧紧力矩（40±2）N·m

2）在惰轮的螺钉螺纹上涂胶，装惰轮，并紧固，紧固力矩（40±2）N·m

（续）

3）将张紧轮上的定位销对准支架上的定位孔，装传动带张紧轮，并紧固，紧固力矩（40±2）N·m

4）装空调压缩机支架、螺栓组合件，紧固连接螺钉，拧紧力矩（40±2）N·m

5）在空调压缩机支架上装空调压缩机、螺栓组合件，紧固连接螺钉，紧固力矩15～20N·m

（续）

6）装转向泵支架、前吊耳、螺栓组合件，并紧固；M10 拧紧力矩（40±2）N·m；M8 拧紧力矩 15～20N·m

7）在转向泵支架上装动力转向泵、3 件螺栓组合件，并紧固到规定力矩 15～20N·m

（续）

8）装发电机支座、对应的螺钉、弹垫；紧固发电机支座连接螺栓，M10 紧固力矩（40±2）N·m，M8 紧固力矩 15~20N·m

9）装发电机张紧支架、螺栓组合件；预紧张紧支架螺栓至可以转动的状态

10）装发电机、张紧调节滑块、调节螺栓及相应螺栓、平垫、弹垫、螺母；预紧螺栓至发电机可以转动的状态

（续）

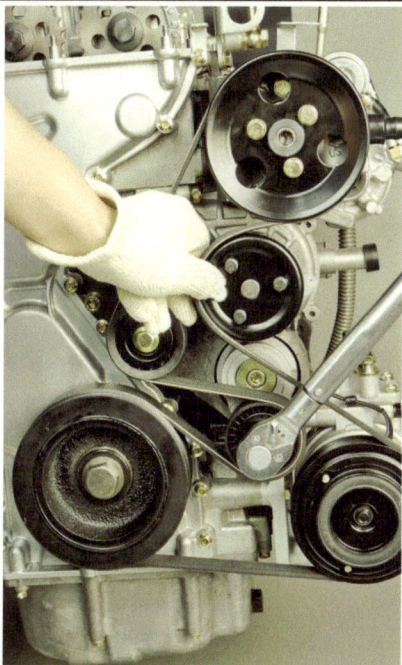

11）选相应的传动带，按图示走向套该传动带，用套筒及长扳手转动张紧轮，最后套入的为水泵传动带轮

12）用手力将发电机朝内推，套入发电机传动带

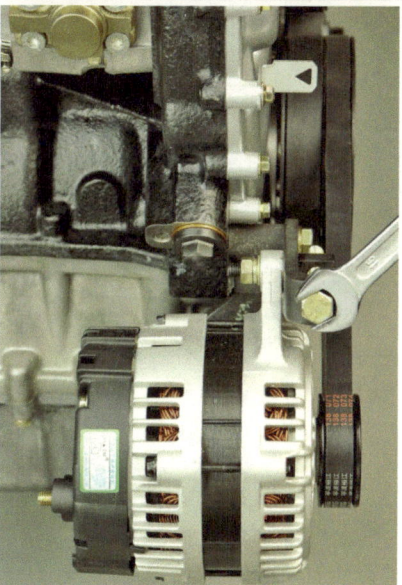

13）逐渐紧固使传动带张紧的长螺栓，同时用手力在传动带中部加压，检查传动带张紧情况，使传动带张紧

14）传动带张紧度检查：在单根传动带中部加压 50N 时，传动带朝力方向的移动量为 6～11mm

检验方法：用弹簧秤在传动带中部加压 50N，用直尺或卡尺测量传动带移动量

（续）

15）紧固发电机张紧螺栓，紧固力矩 15～20N·m

16）用扳手卡住螺母，防止紧固时螺母转动，紧固发电机连接螺栓，紧固力矩（40±2）N·m

17）紧固发电机张紧支架与机体连接螺栓，紧固力矩（40±2）N·m

31. 安装喷油系统

IQA码(手工输入)
IQA码(扫描仪输入)

1）喷油器 IQA 码打印在喷油器体上。喷油器 IQA 码包含各种信息，如模型代号、喷油量修正

2）如果更换喷油器，需读取 IQA 码，并输入 IQA 码到 ECU

（续）

		3）检查喷油器上 O 形圈、密封铜垫是否完好。建议拆换后更换密封铜垫，以免漏气
		4）清理干净缸盖喷油器安装孔，尤其是与密封铜垫接触面，不能有杂质或其他异物
		5）按缸序一一对应装喷油器（含密封垫）、喷油器压板、球面垫圈、螺栓组合件，并手工旋入 1~2 牙
		6）用工具预紧各螺栓到喷油器可以用手力转动的程度，暂不拧紧
		7）拆除高压油管两端、喷油器进油口、高压燃油泵出油口及共轨进、出油口各防护帽
		8）装喷油器与共轨连接的高压油管，手工旋入 8 件管接螺母 1~2 牙
		9）装喷油泵与共轨连接的高压油管，手工旋入 2 件管接螺母 1~2 牙
		10）手工压喷油器到底部
		11）用开口扳手紧固各管接螺母到规定力矩；高压油管与喷油器连接端螺母紧固力矩（27±2）N·m；高压油管与燃油泵连接端螺母紧固力矩（20±2）N·m；高压油管与共轨连接端螺母紧固力矩（20±2）N·m

（续）

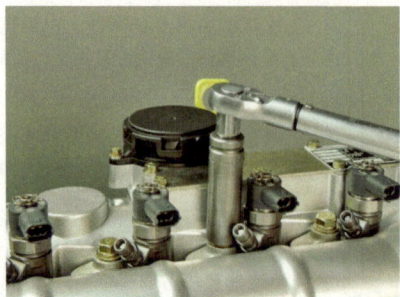

12）拧紧喷油器压板处螺栓到规定力矩（30±2）N·m

13）紧固单缸管夹夹板处螺栓，紧固力矩4～5N·m。确保油管装配到位，夹板与橡胶垫应装配平整，不得有明显错位

14）用高压油管夹夹紧3、4缸高压油管，紧固M6螺栓到（10±2）N·m

（续）

15）将喷油器回油管卡入喷油器头部

16）用高压油管夹夹紧 1、2 缸高压油管及回油管，紧固 M6 螺栓到（10±2）N·m

32. 装回油三通管组件

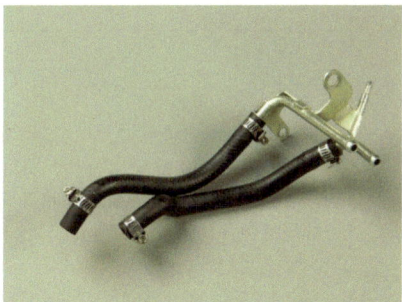

1）如图所示，装回油三通管组件

2）将进回油胶管套入喷油泵进回油口

3）将回油三通管组件支架连接到发动机上，紧固连接螺栓；将喷油器回油管套入三通管，紧固各连接卡箍

（续）

33. 装油标尺与油尺套管

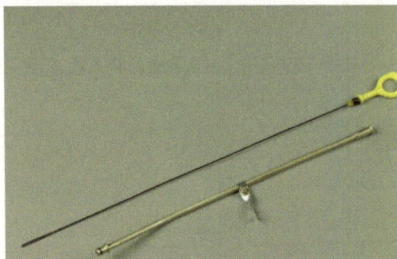

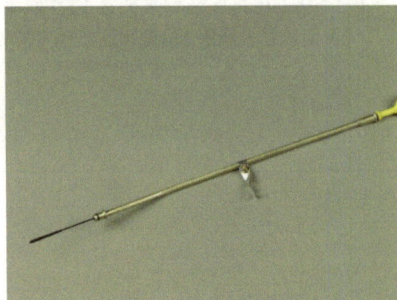

1）分装油标尺组件：如图所示，装油标尺套管焊合件、O 形橡胶密封圈、油标尺

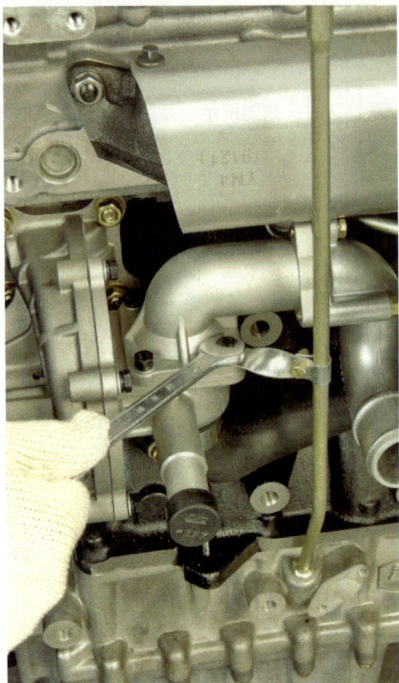

2）拆下水泵处螺栓组合件，将油标尺套管组件装到发动机上，装油标尺套管夹、拆下的螺栓组件到位

3）紧固各螺母、螺栓到规定力矩；水泵处螺栓（M6）紧固力矩为（10±2）N·m

34. 装飞轮

1）用毛巾擦净飞轮端面及齿圈上的油污杂质等

（续）

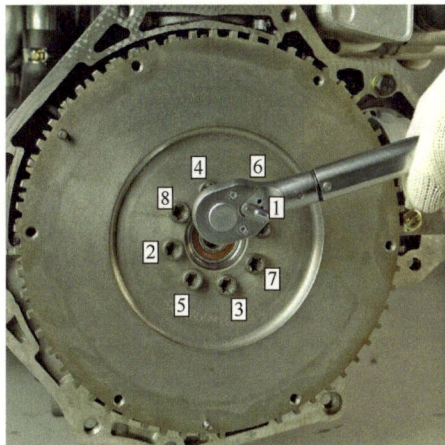	2）装飞轮：转动曲轴，使曲轴大头的定位销处于上方，对正飞轮上的定位销孔，装飞轮，并用铜棒轻敲飞轮，使曲轴大头端面与飞轮止口底面贴合而装配到位
	3）飞轮螺栓装配前，预涂螺纹锁固胶；装飞轮螺栓，并用手工旋入 1～2 牙
	4）按图示顺序，先紧固飞轮到（25±2）N·m；最后按顺序紧固到（68±10）N·m；紧固时应用工具固定曲轴以防转动
	5）转动飞轮 1～3 圈，检查是否有卡滞现象

35. 装离合器总成

	1）用毛巾将飞轮及压盘端面清理干净；在轴承敞口端加满润滑油
	2）用压具将轴承压装到曲轴后端；装配时轴承防尘盖朝外，并应装配到位
	3）装离合器从动盘总成：将离合器摩擦片定位芯轴插入从动盘花键孔与轴承内定位孔（从动盘总成装配时使用定位芯轴保证其轴线与曲轴同轴）

（续）

4）对准飞轮后端面定位销，装离合器压盘总成、压盘总成螺栓组合件，按对角逐次先紧固到（15±2）N·m；再紧固到（25±2）N·m

⚠ 注意：应按照动平衡记号认向装配，以免破坏动平衡

5）取下定位芯轴

6）转动飞轮1~2圈，检查有无因摩擦等导致不动现象

36. 装起动机

1）装起动机、螺钉、弹垫、平垫，并紧固螺钉/螺母到（40±2）N·m

2）根据配套不同，起动机通常需要与变速器装在一起

第7章
Chapter
07
D19TCI 电控高压共轨柴油机常见故障与诊断

7.1 电控柴油机系统故障诊断原则

1）只有受过该系统专业知识培训的技师方能从事新型电控柴油系统的故障诊断。

2）使用合适的诊断设备、专用工具进行电控柴油系统的故障诊断。

3）故障诊断前需要详细阅读发动机制造厂的操作指南和技术说明。

4）电控柴油机系统故障诊断多采用逆源诊断法，先使用诊断设备找出故障的可能原因，然后从外围设备到控制单元逐步寻找故障所在的部位，最后加以解决。

7.2 电控柴油机系统故障诊断安全提示

1）没有接通蓄电池时不要起动发动机。

2）发动机运行时，不要从车内电网拆卸蓄电池。

3）蓄电池的极性和控制单元的极性不能搞反。

4）未起动发动机时不能使用快速起动装置，只能采用蓄电池辅助起动。

5）给车辆蓄电池充电时，需拆下蓄电池。

6）控制线路的各种插头只能在断电状态（关闭点火开关）进行拔插。

7）应遵循制造商的要求使用合适的设备进行故障诊断，故障诊断时，诊断设备应与发动机机体接地。

8）不能用传统的方法进行新型电控柴油发动机的故障诊断。

9）诊断设备与发动机的控制单元的连接接插应合适。

7.3 电控高压共轨柴油机常见故障部位

1. 发动机不能起动

1）防盗系统。

2）电源电压。

3）主继电器。

4）熔丝/连接电缆/接口。

5）发动机转速传感器。

6）没有燃油或燃油不正确。

7）燃油系统有空气。

8）低压油路堵塞或漏气或输油泵不工作。

9）预热电路（冬季）。

10）高压泵或共轨压力控制装置。

11）喷油嘴电磁阀。

12）控制单元（ECU）。

13）发动机机械故障。

2. 发动机熄火但可再次起动

1）熔丝/连接电缆/接口连接松动。

2）点火开关触点。

3）燃油不正确。

4）低压油路堵塞或压力过低。

5）燃油系统有空气（常为低压油路）。

6）高压油路（油泵、压力控制装置）。

7）高压油泵及喷油嘴控制电路。

3. 发动机起动困难

1）电瓶电压。

2）起动电机。

3）继电器及起动开关。

4）燃油有问题。

5）燃油系统有空气。

6）预热系统。

7）冷却液温度传感器（冬季）。

8）低压油路不畅或压力过低。

9）高压油路压力过低。

10）共轨压力调节装置。

11）喷油器工作不良或控制问题。

12）发动机机械系统问题。

4. 发动机工作在高怠速

加速踏板位置传感器。

5. 暖机过程加速过程敲缸

1）冷却液温度传感器。

2）喷油器连接电路。

3）喷油器故障。

6. 发动机怠速抖动

1）燃油问题。

2）燃油系统有空气。

3）低压油路堵塞或压力过低。

4）喷油器工作不良。

5）喷油器电路。

6）共轨压力传感器、共轨压力调节装置。

7）高压油泵。

8）发动机机械部分。

7. 发动机在所有范围动力不足

1）空气滤清器堵塞。

2）燃油问题。

3）低压油路供油不畅或压力过低。

4）涡轮增压器失效。

5）加速踏板位置传感器位置不当或信号问题。

6）废气旁通阀。

7）中冷器堵塞。

8）增压器后有泄漏。

9）冷却液温度、燃油温度、增压压力传感器。

10）共轨压力传感器。

11）喷油器、高压泵。

12）发动机机械系统。

8. 发动机冒白烟或蓝烟

1）冷却液温度传感器。

2）燃油系统有空气。

3）低压油路堵塞。

4）预热系统。

5）机油平面过高。

6）发动机机械系统。

9. 发动机冒黑烟

1）空气滤清器堵塞。

2）冷却液温度传感器。

3）涡轮增压器。

4）喷油器及其控制电路。

5）发动机机械系统。

10. 发动机过热

1）燃油问题。

2）冷却液温度传感器。

3）冷却风扇。

4）冷却风扇电路。

5）发动机机械系统。

11. 涡轮增压器在柴油机上的故障诊断

当柴油机出现故障时，除了按说明书推荐的故障分析及排除方法对柴油机本身进行处理外，还应该检查和评估涡轮增压器的工作情况和判断增压器的故障。

增压柴油机一般常见故障：①柴油机功率不足；②润滑油消耗量大；③柴油机排气冒黑烟；④工作噪声大。

这些故障中的任何一种都可能是柴油机内部故障以及涡轮增压器与柴油机共同形成的空气增压系统出故障的结果。当怀疑增压器故障时，请勿立即从柴油机上拆下增压器，更不应该拆开涡轮增压器。若仅仅简单地以更换增压器进行处理，不仅可能解决不了问题，还可能导致新的问题出现，应该首先进行机上故障诊断，查明原因再进行排除。

一台已经正常运行的涡轮增压器，在以后的使用中不大可能发生自身缺陷，如果涡轮增压器的叶轮能自由转动、并不刮擦内壳，就不必急于判定为增压器运行上的问题。经验表明，大多数的涡轮增压器故障与柴油机的不正常使用有关。因此，下面推荐的机上故障诊断表主要是针对整个空气增压系统的。在完成机上故障诊断并详细记录后，有必要时才拆下涡轮增压器以做进一步的分析检查。而增压器的分析检查工作应到专业的修理厂或到柴油机生产厂进行。

机上故障诊断表见表 7-1。

表 7-1　机上故障诊断表

涡轮侧油封漏油	压气机侧油封漏油	增压器发出周期性响声	增压器工作噪声过大	柴油机排气冒蓝烟	柴油机机油消耗量过大	柴油机功率不足	柴油机排气冒黑烟	可能原因	排除措施
	√			√	√	√	√	空气滤清器太脏	清洗或更换滤芯
			√					空气滤清器至压气机间的管道漏气	拧紧紧固件或更换密封件
			√	√	√	√	√	压气机至柴油机进气管间的管道漏气	更换密封件或拧紧紧固件
			√			√	√	中冷器太脏	清洗中冷器
			√	√	√	√	√	柴油机进气歧管与气缸盖接合面漏气	更换垫片或拧紧紧固件
	√	√	√			√	√	压气机进气管不畅通	清除杂物或更换损坏的零件
			√			√	√	压气机出口管路不畅通	清除杂物或更换损坏的零件
			√			√	√	柴油机进气管不畅通	清除杂物
	√		√			√	√	涡轮燃气进口接合面漏气	更换密封件或拧紧紧固件
	√		√			√	√	柴油机排气歧管与气缸盖接合面漏气	更换密封件或拧紧紧固件
	√		√			√	√	柴油机排气管不畅通	清除杂物
			√			√	√	涡轮燃气出口接合面漏气	更换密封件或拧紧紧固件
	√					√	√	消声器或排气尾管不畅通	清除杂物或更换
√	√		√	√				增压器回油管不畅通	清除杂物或更换回油管

（续）

问题								机上故障诊断表	
涡轮侧油封漏油	压气机侧油封漏油	增压器发出周期性响声	增压器工作噪声过大	柴油机排气冒蓝烟	柴油机机油消耗量过大	柴油机功率不足	柴油机排气冒黑烟	可能原因	排除措施
√	√			√	√			柴油机曲轴箱呼吸器不畅通	清除杂物或更换
				√	√	√	√	增压器中间壳积污或结焦	视具体情况更换机油和机油滤芯或更换增压器
√	√	√	√	√	√	√	√	涡轮叶片或压气机叶轮积污	清洁压气机或更换机油和机油滤芯
	√							压气机叶轮磨损或损坏	清洁空气进气系统或更换增压器
√					√			增压器轴承、轴承孔或轴颈磨损	更换增压器
					√			使用的润滑油牌号不对	按规定选用润滑油
√	√		√	√	√	√	√	增压器二级机油滤芯太脏	更换滤芯或总成

7.4　电控共轨柴油机故障诊断

⚠️ 注意！

1）在断开或重新连接发动机控制模块电源时，务必关闭点火开关，以免损坏发动机控制模块。

2）所有类型的发动机故障诊断码都存储在发动机控制模块的存储器中。

3）修理完成后必须清除发动机故障诊断码。

电控柴油机系统故障诊断 – 闪烁码如图 7-1 所示。

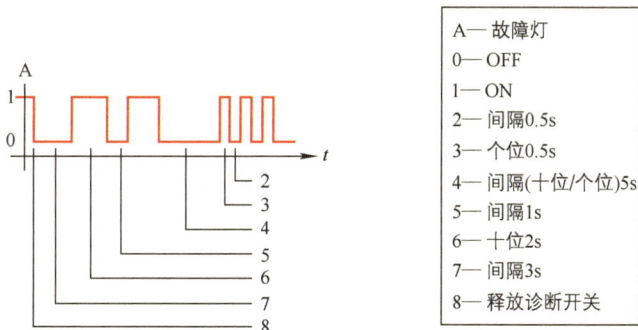

A— 故障灯
0— OFF
1— ON
2— 间隔0.5s
3— 个位0.5s
4— 间隔（十位/个位）5s
5— 间隔1s
6— 十位2s
7— 间隔3s
8— 释放诊断开关

图 7-1　电控柴油机系统故障诊断 – 闪烁码

读取故障码时，打开点火开关，按下诊断开关至少 2s，故障灯将会闪烁，其含义如图 7-1 所示。如需读取下个故障，重复以上动作。

如需清除故障，按下故障码清除开关，最少 2.5s，最多 10s。

电控柴油机常见电控系统故障诊断码及排除故障方法见表 7-2。

表 7-2　电控柴油机常见电控系统故障诊断码及排除故障方法

常见的问题	对应故障码	可能的原因及相应的处理方法	相关的线束插头及引脚 （供万用表检查）
空调压缩机不工作	P0645	空调压缩机高电平控制线断路或接触不良，或 ECU 内部属该部分的驱动模块超温。用万用表检查连接线	用万用表检查从空调压缩机插头到压缩机继电器引脚之间的连接线是否导通，再检查从继电器引脚到 K68 引脚之间的连接线是否导通（以下的检查方法类似）
	P0646	空调压缩机高电平控制线对地短路。检查连接线	
	P0647	空调压缩机高电平控制线对高电平短路。检查连接线	
发动机冒烟、动力不足、空高转速上不了 4000r/min	P0100	空气流量计控制线断路或接触不良，检查插接头是否连接可靠 检查进气管路有无漏气或吹脱 EGR 控制模块断路或接触不良，检查插接头是否连接可靠	从空气流量计插头分别到 A37、A42、A44、A56 引脚
	P0101		
	P0102		
	P0103		
	P0104		从 EGR 真空控制模块插头到 A60 引脚
	P0403		
	P0404		
	P1100	检查进气温度压力传感器是否连接可靠，线束有无接触不良	从进气温度压力传感器插头分别到 A13、A40、A23、A53 引脚
	P1101		
	P1102		
踩下加速踏板没有反应或反应时断时续	P0122	检查加速踏板传感器是否连接可靠，线束有无接触不良，主要为线束中 K 插头的 K46、K45、K30、K09、K08、K31 引脚有无断路或接触不良	从加速踏板传感器插头分别到 K46、K45、K30、K09、K08、K31 引脚
	P0123		
	P0222		
	P0223		
	P2135		
由于电池的电压造成的起动困难	P0562	电池电压过低。需充电	
	P0563	电池电压过高。需检查电池及与电池相连接的线路	
制动信号开关造成的故障灯亮	P0504	检查制动开关及制动开关的连接线束是否正常	从制动开关插头到 K17、K80 引脚
动力不足、发动机转速越来越低，出现熄火或维持怠速运行情况	P0117	冷却系统出问题。观察膨胀散热器的水位以初步判断主散热器是否缺冷却液（切勿热机时打开散热器盖）；检查冷却风扇是否运转正常（高、低速档）；检查风扇控制的继电器和熔丝有无烧坏；检查水温传感器及其连接线束	从水温传感器插头到 A58、A41 引脚；从风扇电源线到继电器引脚，再从继电器引脚分别到 K90、K69 引脚
	P0118		
发动机运转不平稳，甚至严重抖动	P0300	多个气缸出现失火，且失火现象频繁发生，超过允许范围。检查喷油器插头及其连接线束是否牢靠	
	P0301	第一缸出现失火，且失火现象频繁发生，超过允许范围	从第一缸喷油器插头到 A16、A47 引脚

（续）

常见的问题	对应故障码	可能的原因及相应的处理方法	相关的线束插头及引脚（供万用表检查）
发动机运转不平稳，甚至严重抖动	P0302	第二缸出现失火，且失火现象频繁发生，超过允许范围	从第二缸喷油器插头到 A02、A31 引脚
	P0303	第三缸出现失火，且失火现象频繁发生，超过允许范围	从第三缸喷油器插头到 A01、A46 引脚
	P0304	第四缸出现失火，且失火现象频繁发生，超过允许范围	从第四缸喷油器插头到 A17、A33 引脚
EGR 阀卡死报错	P0405	拆下检查 EGR 阀，检查连接 EGR 阀的线束	从 EGR 阀的插头到 A09、A57、A51 引脚
	P0406		
凸轮轴信号报错使发动机无法起动	P0340	凸轮轴位置松动导致信号报错；凸轮轴位置传感器及其连接线束不可靠	从凸轮轴位置传感器插头到 A11、A50、A20 引脚
	P0341		
由于曲轴信号报错使发动机无法起动	P0335	曲轴位置传感器及其连接线束不可靠	从曲轴位置传感器插头到 A27、A12、A07 引脚
	P0336		
柴油滤清器内含有水或其他液体杂质致使仪表板的油含水警告灯亮	P2264	先排水，拔下油含水传感器插头，然后再拧松传感器直至流出液体，同时反复按手油泵至水排放干净；另外，检查传感器和线束	从油含水传感器插头到 K40 引脚
仪表板预热指示灯开路或接触不良	P160A	检查线束	从仪表板预热指示灯到 K92 引脚
仪表板预热指示灯对地短路	P1609		
仪表板系统故障指示灯对地短路	P161A		从仪表板系统故障指示灯到 K91 引脚
仪表板系统故障指示灯开路或接触不良	P161B		
预热塞连接线短路或预热塞继电器坏	P0382	检查预热塞插头连接是否牢靠、有无脱线或短路；继电器是否完好以及工作时是否发烫	线路检查分别从 4 个预热塞插头到继电器引脚；再从继电器引脚分别到 K93、K52 引脚
	P0670		
轨压传感器报错致使故障灯亮	P0193	检查轨压传感器插头连接是否牢靠、有无脱线和接触不良	从轨压传感器插头分别到 A28、A43、A08 引脚
进燃油泵的油管内有空气	P0087	检查燃油泵的进、回油管及各连接处有无漏气和漏柴油现象；再通过柴油滤清器上方的手油泵和排气螺塞配合排出空气	线束检查可从燃油泵传感器插头分别到 A19、A49 引脚
燃油泵传感器开路导致发动机无法起动	P0251	检查燃油泵传感器及其插头连接是否牢靠、有无脱线和接触不良	
电子冷却风扇的高速控制线路开路导致风扇不转	P0480	检查风扇的高速极控制线路是否导通，高速极继电器工作是否正常且不发烫以及熔丝是否完好无损	先检测从风扇的高速极到该极风扇继电器引脚的线路，再检测从继电器引脚到 K90 引脚
电子冷却风扇的低速控制线路开路导致风扇不转	P0481	检查风扇的低速极控制线路是否导通，低速极继电器工作是否正常且不发烫以及熔丝是否完好无损	先检测从风扇的低速极到该极风扇继电器引脚的线路，再检测从继电器引脚到 K69 引脚